重庆市骨干高等职业院校建设项目规划教材
重庆水利电力职业技术学院课程改革系列教材

发电厂及变电站电气设备

主 编　肖　鱼　滕正福　张过有
副主编　林　珑　孙晓明
主 审　蒋建军

黄河水利出版社
·郑州·

内 容 提 要

　　本书是重庆市骨干高等职业院校建设项目规划教材、重庆水利电力职业技术学院课程改革系列教材之一,由重庆市财政重点支持,根据高职高专发电厂及变电站电气设备课程标准及理实一体化教学要求编写而成。本书采用项目化、任务驱动方式编写,共分七个项目,每个项目下的任务与职业岗位工作任务相对接,介绍了发电厂及变电站基本概况、变压器与互感器的运行及维护、高压开关设备的认识及操作、电气主接线设计及简单的倒闸操作、电气设备的选择等,以满足电气类高职学生在电气安装、电气运行、电气值班、电气检修等岗位应知应会的知识与技能。

　　本书可作为高职高专院校电气类专业教材,亦可供相关工程技术人员阅读参考。

图书在版编目(CIP)数据

　　发电厂及变电站电气设备/肖鱼,滕正福,张过有主编.
郑州:黄河水利出版社,2016.11　(2017.9　重印)
　　重庆市骨干高等职业院校建设项目规划教材
　　ISBN 978 - 7 - 5509 - 1609 - 8

　　Ⅰ.①发…　Ⅱ.①肖…②滕…③张…　Ⅲ.①发电厂 - 电气设备 - 高等职业教育 - 教材②变电所 - 电气设备 - 高等职业教育 - 教材　Ⅳ.①TM62②TM63

　　中国版本图书馆 CIP 数据核字(2016)第 302572 号

组稿编辑:王路平　　电话:0371 - 66022212　E-mail:hhslwlp@ 163. com

出　版　社:黄河水利出版社　　　　　　　　　　　　网址:www.yrcp.com
　　　　　　地址:河南省郑州市顺河路黄委会综合楼 14 层　　邮政编码:450003
发行单位:黄河水利出版社
　　　　　　发行部电话:0371 - 66026940、66020550、66028024、66022620(传真)
　　　　　　E-mail:hhslcbs@ 126. com
承印单位:河南承创印务有限公司
开本:787 mm × 1 092 mm　1/16
印张:12.5
字数:290 千字　　　　　　　　　　　　　　　　印数:601—2 200
版次:2016 年 11 月第 1 版　　　　　　　　　　　印次:2017 年 9 月第 2 次印刷
定价:29.00 元

前　言

按照"重庆市骨干高等职业院校建设项目"规划要求,发电厂及电力系统专业是该项目的重点建设专业之一,由重庆市财政支持、重庆水利电力职业技术学院负责组织实施。按照子项目建设方案和任务书,通过广泛深入的行业、市场调研,与行业、企业专家共同研讨,不断创新基于职业岗位能力的"岗位导向,学训融合"的人才培养模式,以水力发电行业企业一线的主要技术岗位所需核心能力为主线,兼顾学生职业迁徙和可持续发展需要,构建基于职业岗位能力分析的教学做一体化课程体系,优化课程内容,进行精品资源共享课程与优质核心课程的建设。经过三年的探索和实践,已形成初步建设成果。为了固化骨干建设成果,进一步将其应用到教学之中,最终实现让学生受益,经学院审核,决定正式出版系列课程改革教材,包括优质核心课程和精品资源共享课程等。

发电厂及变电站电气设备是高职高专院校强电类专业的核心课程,具有实践性强、应用性广的特点。教材的编写是以岗位能力为导向、以职业能力培养为主线进行的,编写前期,编写组成员深入水电行业企业开展调研工作,校企合作共同归纳发电厂及变电站电气设备对应的典型工作岗位,如电气安装工、变电运维员、电气值班员、电气检修工等,再具体分析典型工作岗位下的典型工作任务,把典型工作任务所要求的知识技能、职业能力及职业素养融入到教材编写中。

全书共七个项目,介绍了发电厂及变电站基本概况、变压器与互感器的认识及运行维护、高压开关设备的认识及操作、载流导体及补偿装置、电气主接线设计及倒闸操作、电气设备的选择、配电装置的分析等,主要介绍了设备的结构、原理、操作、运行等技能知识,本书主要面向强电类专业高职学生,理论与实践并重。

本书编写人员及编写分工如下:项目一,项目五的任务一、三、四由重庆水利电力职业技术学院肖鱼编写;项目二的任务一、三、四,项目四由重庆水利电力职业技术学院林珑编写;项目二的任务二由四川嘉陵江桐子壕航电开发有限公司李世开编写;项目三由重庆水利电力职业技术学院张过有编写;项目五的任务二由重庆水利电力职业技术学院黄才彬编写;项目六的任务一由重庆水利电力职业技术学院的孙晓明编写;项目六的任务二由四川华能集团余东森编写;项目七由重庆水利电力职业技术学院滕正福编写。本书由肖鱼、滕正福、张过有担任主编,肖鱼对全书进行了统稿;由林珑、孙晓明担任副主编;由四川嘉陵江桐子壕航电开发有限公司蒋建军担任主审。

由于编写时间仓促，编者水平有限，书中错误和不足之处在所难免，恳切希望使用此书的读者批评指正。

编　者

2016 年 8 月

目 录

项目一 认识发电厂和变电站

> **【项目介绍】**
> 　本项目介绍电力行业的发展历程、现状和趋势,电力系统的概念,不同类型发电厂和变电站的特点。通过项目任务实施,收集、整理典型发电厂或变电站相关资料,使学生对电力系统有初步的认识,熟悉发电厂和变电站的类型及特点。
>
> **【学习目标】**
> 1. 电力行业发展的历程、现状和趋势。
> 2. 认识不同类型的发电厂和变电站。
> 3. 熟悉主要电气设备的图形和文字符号。

任　务　分析不同类型发电厂和变电站特点

　【工作任务】　分析不同类型发电厂和变电站特点。

　【任务分析】　了解我国电力行业发展的历程、现状和趋势,发电厂和变电站的类型和生产过程,主要电气设备的种类及作用,主要电气设备的图形和文字符号,电气设备的基本参数等几方面内容;任务采取小组形式完成,小组成员通过网络资源、图书馆资料、认识实习资源等完成对发电厂和变电站的认识和分析。

　【相关知识】

　电能是现代社会中最重要、最方便的能源。电能可以方便地转化为其他形式的能量,例如动能、光能、热能等;电能的传输和分配易于实现。所以,电能被大规模地用于工农业生产环节,交通运输业、商业贸易等日常的生产、生活中。另外,还应指出,为了保护地球日益脆弱的生态环境,清洁电能将得到大力发展。

一、电力系统

(一)我国电力行业发展历程、趋势

　我国电力系统是随着电力工业的发展而逐步形成的,它的发展可分为以下几个阶段:

　(1)1882～1937年。1882年7月26日上海第一台12 kW的蒸汽发电机组发电,点亮了南京路上15盏弧光灯。这是神州大地上第一座发电厂,它揭开了中国电力工业的开端。到1936年抗日战争爆发前夕,全国共有461个发电厂,发电装机总容量为630 MW,

年发电量为17亿kWh,初步形成北京、天津、上海、南京、武汉、广州、南通等大中城市的配电系统。

(2)1937～1949年。1937年抗日战争开始后,江苏、浙江等沿海城市的发电厂被毁坏或拆迁到解放区;西南地区的电力工业出于战争的需要,有序地发展。日本帝国主义以东北为基地,为战争生产和提供军需物资,从而使东北电力系统也有一定的发展。

1949年中华人民共和国成立时,全国发电装机总容量为1 848.6 MW,年发电量约43亿kWh,居世界第25位。当时中国已形成的电力系统有:①东北中部电力系统,以丰满水电厂为中心,采用154 kV输电线路,连接沈阳、抚顺、长春、吉林和哈尔滨等地区;②东北南部电力系统,以水丰水电厂为中心,采用220 kV和154 kV输电线路,连接大连、鞍山、丹东、营口等供电区;③东北东部电力系统,以镜泊湖水电厂为中心,采用了110 kV输电线路,连接鸡西、牡丹江、延边等供电区;④冀北电力系统,以77 kV输电线路连接北京、天津、唐山等供电区和发电厂。

(3)1949年以来,中国的电力工业有很大的发展。1996年中国大陆部分的发电装机容量达2.5亿kW,年发电量为11 350亿kWh,居世界第2位。从1993年起,发电量每年平均以6.2%的速度增长。但是,就人均用电量、电力系统自动化水平和发输配电等经济指标而言,我国的电力工业与世界先进水平还有较大差距。

中国电力市场经过几十年的长足发展已经具备了相当的规模。特别是改革开放以来,电力行业不断壮大,电力结构得到优化,大大调动了各方积极性,使电力建设飞速发展。目前,我国基本进入大电网、大电厂、大机组、高压输电、高度自动化的控制时代。

截至2015年年底,全国全口径装机容量为13.6亿kW,位居世界首位。其中,非化石能源发电4.5亿kW,占全国总发电装机比重达到33.1%。全年全国全口径发电量5.55万亿kWh,同比增长3.6%。

我国电力行业"十三五"规划中的重要任务就是本着科学合理、符合实际、适应快速发展需求的原则,确定电力行业的发展思路与目标,保证未来五年电力的安全可靠、经济高效、清洁可持续的供应,为全面建成小康社会奠定基础。在未来五年中,电力行业将重点发展海上风电、分布式光伏、特高压以及智能电网四大方面。

(二)电力系统概述

由发电厂中的电气部分、各类变电站、输电、配电线路及各种类型的用电设备组成的统一整体称为电力系统,它主要完成电能的生产、输送、分配和使用,如图1-1所示。电力系统加上各种类型电厂中的动力部分,包括热力部分、水力部分、核反应堆部分,则称为动力系统。

电力系统中各种电压等级的变电站及其连接的电力线路,称为电力网,俗称电网。电网的作用是输送和分配电能,并根据运行的实际情况调整电压。图1-1为电力系统和电网示意图。电网按电压等级的高低与供电范围可分为区域电网和地方电网。一般来讲,电压在110 kV及其以上的电网,电压等级高,输送功率大,距离长,主要供给大型区域的变电站,称为区域电网;而电压在110 kV以下的电网,电压等级低,输送功率小,距离短,主要负责给地方负荷供电,称为地方电网。

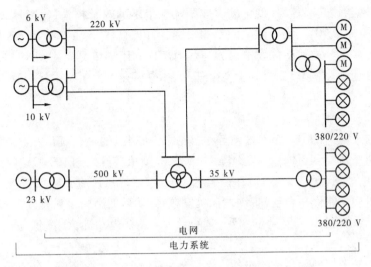

图 1-1 电力系统和电网示意图

二、发电厂和变电站的基本类型

发电厂是把其他形式的能量(如燃料的化学能、水流的位能和动能、核能、风能、光能等)转换成电能的工厂。目前,我国电力系统中的发电厂,按使用的能源不同,主要有以下几种。

(一)火力发电厂

火力发电厂是把燃料(煤、石油、天然气等)的化学能转换成电能的工厂,简称火电厂。燃料在锅炉中燃烧时释放出热能,将水加热成一定温度和压力的蒸汽,然后利用蒸汽推动汽轮机旋转,带动发电机发电,使热能转换为电能。火电厂又可分为以下几种。

1.凝汽式火电厂

凝汽式火电厂仅向用户供电,凝汽式火电厂宜建在燃料产地,若将凝汽式火电厂建在城市或用户的附近,必然需要将燃料从偏远的煤炭基地运输到城市或用户的附近,相比来说,把凝汽式火电厂直接建在煤炭基地附近,再采取高电压输送电能到城市或用户要经济得多。因此,我国在各煤炭基地或其附近建设大容量的凝汽式火电厂,一般称为坑口电厂,或称为区域性火电厂。

凝汽式火电厂简单的工作过程如下:煤粉在锅炉炉膛中燃烧,使锅炉中的水加热变成过热蒸汽,经管道送到汽轮机,推动汽轮机旋转,将热能转换成机械能,汽轮机带动发电机旋转,再将机械能转换成电能。而在汽轮机中做过功的蒸汽排入凝汽器,循环水泵打入的循环水将排汽迅速冷却而凝结,由凝结水泵将凝结水送到除氧器中除氧(清除水中的气体,特别是氧气),然后由给水泵重新送回锅炉。由于在凝汽器中大量的热量被循环水带走,故一般凝汽式火电厂的热效率都比较低,只有 30% ~40% 。

2.热电厂

热电厂不仅向用户供电,同时还向用户供蒸汽或热水。热电厂将汽轮机中一部分做过功的蒸汽从中段抽出来直接供给热用户使用,或把抽出来的蒸汽引到一加热器中将水加热,把热水供给用户。这样,便可减少被循环水带走的热量损失,提高热效率。热电厂的效率可达 60% ~ 70%,由于供热距离的限制,所以热电厂总是建在城市或热力用户的附近。但热电厂的热电机组的发电出力与热力用户的用热情况相关,当用户用热量大时,热电机组就相应地多发电,反之则少发电,因此热电厂在电力系统中运行时不如凝汽式火电厂灵活。

3. 燃汽轮机发电厂

有些火力发电厂的原动机为燃汽轮机,燃汽轮机发电的生产流程如下:将大气中的空气吸入压气机中压缩到不低于 0.3 MPa 的压力,温度相应升高到 100 ℃ 以上,然后送入燃烧室,与喷入的燃料(油或天然气)在一定压力下混合燃烧,产生 600 ℃ 以上的高温燃气,流入燃汽轮机中膨胀做功,直接带动发电机发电;做功后的燃气最后排入大气。燃汽轮机具有体积小、启动快、不需要大量用水、运行维护简便、机动性大、造价和运行费用低的优点。

燃汽轮机的工作原理与汽轮机的工作原理相似,不同的是其工质不是蒸汽,而是高温高压气体。这些作为工质的气体可以是用清洁煤技术将煤炭转化成的清洁煤气,也可以是天然气等。这种单纯用燃汽轮机驱动发电机的发电厂,热效率只有 35% ~40%。

为提高热效率,采用燃气与蒸汽联合循环系统,将燃汽轮机的排汽进入余热锅炉,加热其中的给水并产生高温高压蒸汽,送到汽轮机中去做功,带动发电机再次发电;从汽轮机中抽取低压蒸汽(发电机停止发电时启动备用燃气锅炉提供汽源),通过蒸汽型溴冷机(溴化锂作为吸收剂)或汽—水热交换器制取冷热水,这是电、热、冷三联供模式。联合循环系统的热效率可达 56% ~85%。

(二)水力发电厂

水力发电厂简称水电厂,又称水电站,是把水的位能和动能转换成电能的工厂。它的生产过程如下:从河流较高处或水库内引水,利用水的压力或流速冲刷水轮机旋转,将水能转换成机械能,然后由水轮机带动发电机旋转,将机械能转换成电能。由于水的能量与其流量和落差成正比,所以利用水能发电的关键就是要集中大量的水和造成大的水位落差,而由于天然的水能存在差异,其开发和利用的方式也不一样,因此水电站的类型也不同。若按集中水头落差的方式分类,可以分为以下几种。

1. 坝式水电站

在河流中落差较大的适当地段修建拦河坝,形成水库,抬高上游水位,使坝的上下游形成大的水位差的水电站。坝式水电站适宜建在河道坡降较缓且流量较大的河段。这类水电站按厂房与坝的相对位置又可分为以下几种。

(1)坝后式水电站。坝后式水电站的厂房建在坝的后面,厂房不承受水的压力,水流由经过坝体的压力水管引入厂房推动水轮发电机。坝后式水电站适用于水头较高的场合,其布置情况如图 1-2 所示。著名的三峡水电站(见图 1-3)就是采用坝后式的布置方式。

(2)溢流式水电站。溢流式水电站的厂房建在溢流坝段后(下游侧),泄洪水流从水电站顶部越过,泄入下游河道,适用于河谷狭窄、水库下泄洪水流量大、溢洪与发电分区布置有一定困难的情况。

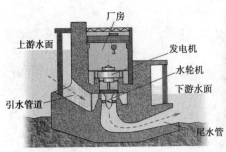

图1-2 坝后式水电站布置情况

图1-3 三峡水电站

（3）坝内式水电站。坝内式水电站的厂房和厂房的压力管道都建在混凝土坝的空腔内，且常设在溢流坝段内，适用于河谷狭窄、下泄洪水流量大的情况。

（4）河床式水电站。河床式厂房修建在河床中，作为挡水建筑物的一部分，与大坝布置在一条直线上，一般只能形成50 m以内的水头，随着水位的增高，其投资也增大。这种水电站的特点是水头较低，流量较大。典型例子有广西西津水电站、葛洲坝水电站（见图1-4）等。

图1-4 葛洲坝水电站的布置形式

除此以外，根据厂房修建的不同，还有岸边式水电站、地下式水电站，其各自的适用环境也不一样。

2. 引水式水电站

引水式水电站是利用人工水渠（明渠或隧道）将水流引到较远的与下游河道有较大落差的地方形成集中水头，在那里修建电站，利用水流落差发电，其特点是河床上没有大坝，适合于在不具备筑坝条件的河段，如河道多弯曲或河道坡降较陡的河段上修建小型水电站。但由于没有大坝，不能蓄水，也称径流水电站，发电量不好调节，只能有多少水就发多少电。优点是投资少，一般在山地河流落差大的地方比较多。其典型的有重庆铜梁高坑水电站。引水式水电站又根据是否对水压进行调节分为无压引水式和有压引水式，其布置分别如图1-5、图1-6所示。

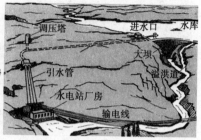

图1-5　无压引水式水电站　　　　图1-6　有压引水式水电站

3.混合式水电站

混合式水电站是由坝和引水道两种建筑物共同形成发电水头的水电站,即发电水头一部分靠拦河坝壅高水位取得,另一部分靠引水道集中落差取得。混合式水电站可以充分利用河流有利的天然条件,在坡降平缓河段上筑坝形成水库,以利径流调节,在其下游坡降很陡或落差集中的河段采用引水方式得到大的水头。这种水电站通常兼有坝式水电站和引水式水电站的特点。水电站的水头由这两部分落差共同形成,这种集中落差的方式称为混合开发模式,由这种方式修建的水电站叫混合式水电站。混合式水电站适用于上游有良好坝址、适宜建库,而紧邻水库的下游河道突然变陡或河流有较大转弯的情况。在工程实际中常将具有一定长度引水建筑的混合式电站统称为引水式水电站,而较少采用混合式水电站这个名称。

4.抽水蓄能电站

上面讲到的水电站都是专供发电的,还有一种特殊形式的发电厂,叫作抽水蓄能电站,它具有上下两个水库,利用抽水设施对两个水库的水量进行调节,因此必须具备抽水和发电两类设施,在电力系统低谷负荷(丰水期)时,利用剩余的电力将水抽到高处蓄存,在高峰负荷(枯水期)时放水发电。抽水蓄能电站在实际运行中起到了调峰、填谷、调相、调频、事故备用等作用。典型的电站有辽宁蒲石河抽水蓄能电站、广州抽水蓄能电站等。图1-7所示为抽水蓄能电站示意图。我国已建抽水蓄能电站有:广东抽水蓄能电站,其装机容量为2 400 MW(8×300 MW);天荒坪抽水蓄能电站,其装机容量为1 800 MW(6×300 MW);十三陵抽水蓄能电站,其装机容量为800 MW (4×200 MW);西藏羊卓雍湖抽水蓄能电站,其装机容量为90 MW(4×22.5 MW)。

(三)核电厂

核电厂是将原子核的裂变能转换为电能的发电厂,将核能转换为热能,用以产生供汽轮机用的蒸汽,汽轮机再带动发电机。燃料主要是铀或钚,核电站是一种高能量、少耗料的电站。以一座发电量为100万 kW 的电站为例,如果烧煤,每天需耗煤7 000～8 000 t,一年要消耗200多万 t。若改用核电站,每年只消耗1.5 t 裂变铀或钚,一次换料可以满功率连续运行一年,可以大大减少电站燃料的运输和储存问题。

核电站以核反应堆来代替火电站的锅炉,以核燃料在核反应堆中发生特殊形式的"燃烧"产生热量。核电站用的燃料是铀。用铀制成的核燃料在一种叫反应堆的设备内发生裂变而产生大量热能,再用处于高压力下的水把热能带出,在蒸汽发生器内产生蒸

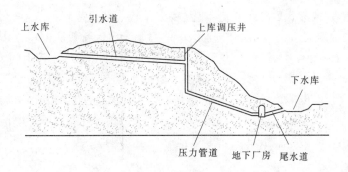

图 1-7 抽水蓄能电站

汽,蒸汽推动汽轮机带着发电机一起旋转,就会产生电,这就是最普通的压水反应堆核电站的工作原理。

利用蒸汽通过管路进入汽轮机,推动汽轮发电机发电,使机械能转变成电能。一般来说,核电站的汽轮发电机及电气设备与普通火电站大同小异,其奥妙主要在于核反应堆。

核反应堆,又称为原子反应堆或反应堆,是装配了核燃料以实现大规模可控制裂变链式反应的装置。核反应堆的原理是,当铀 235 的原子核受到外来中子轰击时,一个原子核会吸收一个中子分裂成两个质量较小的原子核,同时放出 2 ~ 3 个中子。裂变产生的中子又去轰击另外的铀 235 原子核,引起新的裂变。如此持续进行就是裂变的链式反应。链式反应产生大量热能。用循环水(或其他物质)带走热量才能避免反应堆因过热烧毁。导出的热量可以使水变成水蒸气,推动汽轮机发电。

(四)太阳能发电厂

太阳能发电厂是一种用可再生能源——太阳能来发电的工厂,它是利用把太阳能转换为电能的光电技术来工作的。光生伏特效应:假设光线照射在太阳能电池上并且光在界面层被接纳,具有足够能量的光子可以在 P 型硅和 N 型硅中将电子从共价键中激起,致使发作电子 - 空穴对。界面层临近的电子和空穴在复合之前,将经由空间电荷的电场结果被相互分别。电子向带正电的 N 区运动和空穴向带负电的 P 区运动。经由界面层的电荷分别将在 P 区和 N 区之间发作一个向外的可测试的电压。此时可在硅片的两边加上电极并接入电压表。对晶体硅太阳能电池来说,开路电压的典型数值为 0.5 ~ 0.6 V。经由光照在界面层发作的电子 - 空穴对越多,电流越大。界面层接纳的光能越多,界面层即电池面积越大,在太阳能电池中组成的电流也越大。

光电效应太阳能电池的工作原理是太阳光照在半导体 P – N 结上,形成新的空穴-电子对,在 P – N 结电场的作用下,空穴由 N 区流向 P 区,电子由 P 区流向 N 区,接通电路后就形成电流。

太阳能发电有两种方式,一种是光—热—动—电转换方式,另一种是光—电直接转换方式。

光—热—动—电转换方式通过利用太阳辐射产生的热能发电,一般是由太阳能集热器将所吸收的热能转换成工质的蒸汽,再驱动汽轮机发电。前一个过程是光—热转换过程;后一个过程是热—动—电最终转换过程,与普通的火力发电一样,太阳能热发电的缺点是效率很低而成本很高,估计它的投资至少要比普通火电站贵 5 ~ 10 倍。

光—电直接转换方式是利用光电效应,将太阳辐射能直接转换成电能,光—电转换的基本装置就是太阳能电池。太阳能电池是一种由于光生伏特效应而将太阳光能直接转化为电能的器件,是一个半导体光电二极管,当太阳光照到光电二极管上时,光电二极管就会把太阳的光能变成电能,产生电流。许多个电池串联或并联起来就可以成为有比较大的输出功率的太阳能电池方阵了。太阳能电池是一种大有前途的新型电源,具有永久性、清洁性和灵活性三大优点。太阳能电池寿命长,只要太阳存在,太阳能电池就可以一次投资而长期使用;与火力发电相比,太阳能电池不会引起环境污染。

三、变电站

电力系统的接线图如图 1-8 所示,其中变电站是联系发电厂和用户的中间环节,起着变换和分配电能的作用。变电站有多种分类方法,可以根据电压等级、升压或降压及在电力系统中的地位分类。

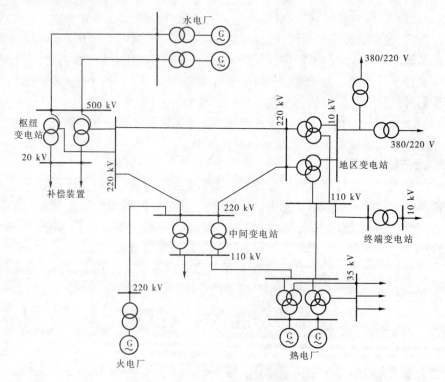

图 1-8　电力系统的接线图

(一)按照变电站在电力系统中的地位和作用可划分

(1)枢纽变电站。枢纽变电站位于电力系统的枢纽点,电压等级一般为 330 kV 及其以上,联系多个电源,出线回路多,变电容量大;全站停电后将造成大面积停电,或系统瓦解,枢纽变电站对电力系统运行的稳定性和可靠性起到重要作用。

(2)中间变电站。中间变电站位于系统主干环形线路或系统主要干线的接口处,电压等级一般为 220~330 kV,汇集 2~3 个电源和若干线路。全站停电后,将引起区域电网的解列。

(3)地区变电站。地区变电站是一个地区和一个中小城市的主要变电站,电压等级一般为 220 kV,全站停电后将造成该地区或城市供电的紊乱。

(4)终端变电站。终端变电站位于输电线路终端,接近负荷点,经降压后直接向用户供电,不承担功率转送任务,电压等级为 110 kV 及其以下。全站停电时,仅使其所供的用户中断供电。

(5)企业变电站。企业变电站是供大中型企业专用的终端变电站,电压等级一般为 35 ~ 110 kV,进线为 1 ~ 2 回。

(二)按照变电站安装位置划分

(1)室外变电站。室外变电站除控制、直流电源等设备放在室内外,变压器、断路器、隔离开关等主要设备均布置在室外。这种变电站建筑面积小,建设费用低,电压较高的变电站一般采用室外布置。

(2)室内变电站。室内变电站的主要设备均放在室内,减少了总占地面积,但建筑费用较高,适宜市区居民密集地区,或位于海岸、盐湖、化工厂及其他空气污秽等级较高的地区。

(3)地下变电站。在人口和工业高度集中的大城市,由于城市用电量大,建筑物密集,将变电站设置在城市大建筑物、道路、公园的地下,可以减少占地面积,尤其随着城市电网改造的发展,位于城区的变电站乃至大型枢纽变电站将更多地采取地下变电站。这种变电站多数为无人值班变电站。

(4)箱式变电站。箱式变电站又称预装式变电站,是将变压器、高压开关、低压电器设备及其相互的连接和辅助设备紧凑组合,按主接线和元器件不同,以一定方式集中布置在一个或几个密闭的箱壳内。箱式变电站是由工厂设计和制造的,结构紧凑、占地少、可靠性高、安装方便,现在广泛应用于居民小区和公园等场所。

箱式变电站一般容量不大,电压等级一般为 3 ~ 35 kV,随着电网的发展和要求的提高,电压范围不断扩大,现已经制造出 132 kV 的箱式变电站。

箱式变电站按照装设位置的不同又可分为户外和户内两种类型。

(5)移动变电站。将变电设备安装在车辆上,以供临时或短期用电场所的需要。

(三)按照值班方式划分

(1)有人值班变电站。大容量、重要的变电站大都采用有人值班变电站。

(2)无人值班变电站。无人值班变电站的测量监视与控制操作都由调度中心进行遥测遥控,变电站内不设值班人员。

(四)根据变压器的使用功能划分

(1)升压变电站。升压变电站是把低电压变为高电压的变电站,例如将发电机出口电压升高至系统电压进行并网,就是升压变电站。

(2)降压变电站。与升压变电站相反,降压变电站是把高电压变为低电压的变电站,在电力系统中,大多数的变电站是降压变电站。

四、主要电气设备

根据发电厂和变电站电能的生产、变换、输送、分配和使用的安全、优质、可靠以及经济运行的要求,主要有以下电气设备。

(一)一次设备

直接参与生产、输送和分配电能的电气设备称为一次设备,它通常包括以下6类:

(1)能量转换设备。发电机、变压器、电动机等属此类。其中,发电机和主变压器是电站的心脏,简称主机、主变。

(2)开关设备。这类电器用于电路的接通和开断。当电路中通过电流,尤其通过很大的短路电流时,要断开电路很不容易,需要开关设备具备足够的灭弧能力。按作用及结构特点,开关设备又分为以下几种:

①断路器。断路器不仅能接通和断开正常的负荷电流,也能接通和断开短路电流。它是作用最重要、构造最复杂、功能最完善的开关电器。

②熔断器。熔断器是最简单的保护电器,它用来保护电气设备免受过载和短路电流的损害。

③负荷开关。负荷开关允许带负荷接通和断开电路,但其灭弧能力有限,不足以断开短路电流。将负荷开关和熔断器串联在电路中便大体上相当于断路器的功能。

④隔离开关。隔离开关主要用于设备或电路检修时隔离电源,有一个明显的可见点、足够的空气间距。

断路器和熔断器都能在其电路故障时断开一定的短路电流以切除故障电路,故称为保护电器。断路器和负荷开关能接通和断开一定的负荷电流,称为操作电器。隔离开关因没有灭弧能力,不能开断负荷电流。若在负荷电流下错误地拉开隔离开关,叫作带负荷拉闸,会引起电弧短路,是一种严重的误操作,要尽量避免。

(3)载流导体。该类设备有母线、绝缘子和电缆等,用于电气设备或装置间的连接,通过强电流,传递功率。母线是裸导体,需要用绝缘子支持和绝缘。电缆是输送和分配电能的导体,它具有密封的封包层以保护绝缘层,外面还有铠装或塑料护套以保护封包。

(4)互感器。互感器分为电压互感器和电流互感器,分别将一次侧的高电压或大电流按变比转换为二次侧的低电压或小电流,以供给二次回路的测量仪表和继电器。

(5)电抗器和避雷器。电抗器主要用于限制电路中的短路电流,避雷器则用于限制电气设备的过电压。

(6)补偿设备。常用的补偿设备有以下几种:

①调相机。调相机是一种不带机械负荷运行的同步电动机,主要用来向系统输出感性无功功率,以调节电压控制点或地区的电压。

②电力电容器的补偿。电力电容器补偿有并联补偿和串联补偿两类。并联补偿是将电容器与用电设备并联,它发出无功功率,供给本地区需要,避免长距离输送无功,减少线路电能损耗和电压损耗,提高系统供电能力;串联补偿是将电容器与线路串联,抵消系统的部分感抗,提高系统的电压水平,也相应地减少系统的功率损失。

③消弧线圈。消弧线圈是用来补偿小接地电流系统的单相接地电容电流,以利于熄灭电弧。

④并联电抗器的作用是吸收过剩的无功功率,改善沿线电压分布和无功分布,降低有功损耗,提高送电效率。

（二）二次设备

对电气一次设备的工作状况进行监测、控制和保护等的辅助设备称为二次设备。例如,用于反映故障,并能迅速作用于开关设备切除故障的各种继电器;用于监视和测量电路中的电流、电压和功率等参数的各种测量仪表;此外还有直流设备,如蓄电池、硅整流器、控制和信号设备等。二次设备不直接参与电能的生产和分配过程,但对保证主体设备正常、有序的工作和发挥其运行经济效益起着十分重要的作用。

五、电气设备的符号

电气设备的图形符号是用于表示电气图中电气设备、装置和元器件的一种图形和符号。文字符号是电气图中电气设备、装置和元器件的种类字母和功能字母代码。文字符号的字母应采用大写的拉丁字母。文字符号分为基本文字符号和辅助文字符号两种。常用一次电气设备的图形和文字符号如表1-1所示。

表1-1 常用一次电气设备的图形和文字符号

设备名称及说明	图形符号	设备名称及说明	图形符号
直流发电机		隔离开关	
直流电动机		断路器	
交流发电机		负荷开关	
交流电动机		接触器	
调相器		消弧线圈	
双绕组变压器		避雷器	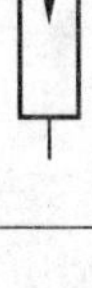

续表1-1

设备名称及说明	图形符号	设备名称及说明	图形符号
三绕组变压器		熔断器	
自耦变压器		电缆终端头	
电抗器		接地	
分裂电抗器		保护接地	
电流互感器		火花间隙	

六、电气设备的主要参数

用以表明电气设备在一定条件下长期工作的最佳运行状态的特征量叫额定参数,各类电气设备的额定参数主要有额定电压、额定电流等。

(一)额定电压

国家根据国民经济发展的需要、技术经济合理性以及电机、电器制造水平等因素所规定的电气设备标准的电压等级称为额定电压。电气设备的额定电压如表1-2所示。电气设备在额定电压下工作时,其技术性能与经济性能最佳。

(1)电力网的额定电压:通常采用线路首端电压和末端电压的算术平均值。目前,我国电力网的额定电压等级有0.4 kV、3 kV、6 kV、10 kV、35 kV、60 kV、110 kV、220 kV、330 kV、500 kV、750 kV等。

(2)用电设备的额定电压:等于其所在电力网的额定电压。

(3)发电机的额定电压:比其所在电力网的额定电压高出5%,从而保证末端用电设备工作电压的偏移不会超出允许范围,一般为±5%。

(4)变压器的额定电压:升压变压器一次绕组的额定电压高出电网额定电压的5%,即与发电机的额定电压相同;降压变压器一次绕组的额定电压等于所接电网的额定电压。变压器二次绕组的额定电压视所接线路的长短及变压器阻抗电压大小分别比所接电网高出5%或10%。

表1-2 我国交流电力网和电气设备的额定电压 （线电压,单位:kV）

用电设备额定电压与电力网额定电压	发电机额定电压	变压器额定电压		
		原边绕组		副边绕组
		接电力网	接发电机	
0.22	0.23	0.22	0.23	0.23
0.38	0.40	0.38	0.40	0.40
3	3.15	3	3.15	3.15 及 3.3
6	6.3	6	6.3	6.3 及 6.6
10	10.5	10	10.5	10.5 及 11
35		35		38.5
60		60		66
110		110		121
220		220		242
330		330		363
500		500		550
750		750		825

（二）额定电流

电气设备额定电流是指在额定环境条件（环境温度、日照、海拔、安装条件等）下,电气设备长期连续工作时的允许电流,即允许长期通过电气设备的最大电流值不应超过它的额定电流。

【任务实施】

1. 要求

介绍发电厂或变电站的类型、工作原理、特点、地位等。

2. 实施流程

（1）任务以小组形式完成。

（2）选择某发电厂或变电站。

（3）通过实地参观学习、图书馆或网上查阅资料,了解发电厂或变电站的概况,初步掌握发电厂或变电站的组成,熟悉一次设备及其电气符号等。

（4）根据所学知识,分析发电厂或变电站的特点。

（5）完成任务内容撰写。

3. 交流讨论

组织全班同学进行小组交流讨论。

4. 考核

小组考核＋指导教师考核。

项目二　变压器与互感器的认识及运行维护

【项目介绍】

　　变压器是发电厂和变电站中必不可少的电力设备之一,是远距离输送交流电不可缺少的装置,通过对变压器的结构、变压器的中性点运行方式、变压器呼吸器的检修、互感器的结构及原理等内容的学习,为学生从事电气检修、电气运行等工作打下坚实的基础。

【学习目标】

　　1.制作变压器模型。

　　2.分析变压器中性点运行方式。

　　3.检修变压器的呼吸器。

　　4.熟悉互感器。

任务一　制作变压器模型

【工作任务】　制作变压器模型。

【任务介绍】　变压器模型的制作对应电气设备制造厂的工作岗位,通过该工作任务,有助于提高学生的实践动手能力,实现与职业岗位对接;该任务以小组形式完成模型的设计与制作。

【相关知识】

一、变压器的结构及工作原理

(一)变压器的结构

1.铁芯

　　铁芯是变压器中耦合磁通的主磁路部分,如图2-1所示,采用导磁性能好、磁滞和涡流损耗小的铁磁性材料,故变压器的铁芯采用表面涂有绝缘漆的硅钢片叠制而成。硅钢片有冷轧和热轧两种,由于冷轧硅钢片在沿着碾轧的方向磁化时有较高的导磁系数和较小的单位损耗,其性能优于热轧硅钢片,国产变压器均采用冷轧硅钢片,冷轧硅钢片单片的厚度有 0.35 mm、0.30 mm、0.27 mm 等多种。当金属块处在变化的磁场中或相对于磁场运动时,金属块内部产生感应电流,金属块中形成一圈圈的闭合电流线,类似流体中的涡流,叫作涡电流,简称涡流,铁芯硅钢片越薄则涡流损耗越小。

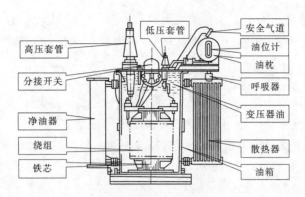

图2-1　变压器结构图

2. 绕组

绕组是变压器的电路部分,如图2-2所示,一般用绝缘纸包的铜线绕制而成。根据高低压绕组排列方式的不同,绕组分为同心式和交叠式两种,电力变压器常采用同心式,对于同心式绕组,为了便于绕组和铁芯绝缘,通常将低压绕组靠近铁芯柱。用于低电压、大电流的变压器采用交叠式绕组,为了减小绝缘距离,通常将低压绕组靠近铁轭。

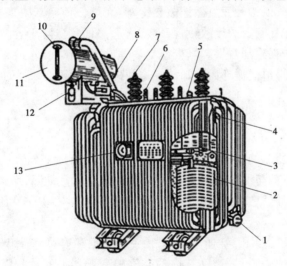

1—放油阀门;2—绕组及绝缘;3—铁芯;4—油箱;5—分接开关;
6—低压套管;7—高压套管;8—瓦斯继电器;9—安全气管(防爆管);
10—油面指示器(油标);11—储油柜(油枕);12—吸湿器;13—信号式温度计

图2-2　油浸式变压器结构图

3. 油箱

油箱是油浸式变压器的外壳,如图2-2所示,用钢板焊成,根据变压器的大小分为吊器身式油箱和吊箱壳式油箱两种。吊器身式油箱多用于6 300 kVA及其以下的变压器,油箱由箱壳和箱盖组成,变压器的器身置于箱内,其箱沿设在顶部,箱盖是平的,由于变压器容量小,所以质量轻,检修时易将器身吊起。吊箱壳式油箱多用于8 000 kVA及其以上的变压器,由于器身庞大且笨重,起吊器身不方便,都做成箱壳可吊起的结构,其箱沿设在下部,上节箱身做成钟罩形,故又称钟罩式油箱,检修时无须吊起器身,只将上节箱身吊起即可,器身便全部暴露出来了。大容量变压器的油箱广泛采用全封闭结构,即主油箱与油箱顶部钢板之间采用焊接焊死,不使用密封垫,以防止密封不牢靠,为便于检修,在适当部位开有人孔门或手孔门。

4. 储油柜(油枕)

储油柜位于变压器油箱上方,如图2-2所示,储油柜的储油量一般为油箱中总油量的8% ~ 10%,它通过气体继电器与油箱相通,当变压器的油温变化时,其体积会膨胀或收缩。储油柜的作用就是保证油箱内充满油,并减小油面与空气的接触面,从而减缓油的老化,且储油柜上装有呼吸器,一般变压器在正常运行时,储油柜油位应该在油位计1/4 ~ 3/4 的位置。

对于现在的全封闭变压器,不再设储油柜了,只是在油箱盖上装油位管,以监视油位。

5. 冷却装置

变压器运行时,由于绕组和铁芯中产生的损耗转化为热量,必须及时散热,以避免变压器过热造成事故,变压器的冷却装置是起散热作用的装置,根据变压器容量大小不同,采用不同的冷却装置。

对于小容量的变压器,绕组和铁芯所产生的热量经过变压器油与油箱内壁的接触,以及油箱外壁与外界空气的接触而自然地散热冷却,无须任何冷却附加装置。若变压器容量稍大些,可以在油箱外壁上焊接散热管,以增大散热面积。对于容量更大的变压器,则应安装冷却风扇,以增强冷却效果。当变压器容量在 50 000 kVA 及其以上时,则采用强迫油循环水冷却器或强迫油循环风冷却器。这两种强迫循环冷却器的主要差别为冷却介质不同,前者为水,后者为风,但都在循环油路中增设一台潜油泵,加以强迫循环以增强冷却效果。

6. 安全气管(防爆管)

安全气管位于变压器的顶盖上,如图2-2所示,是一根钢制圆管,顶端出口装有一块玻璃或酚醛薄膜片,下部与油箱连通,当变压器内部发生严重故障,而气体继电器失灵时,油箱内部油和气体便冲破玻璃或酚醛薄膜片从安全气管喷出,保护变压器不受严重损害。

7. 呼吸器

呼吸器又称吸湿器,如图2-2所示,通常由一根管道和玻璃容器组成,内装干燥剂(通常采用氯化钴浸渍过的硅胶)。当油枕内的空气随变压器油的体积膨胀或缩小时,排出或吸入的空气都经过呼吸器,呼吸器内的干燥剂对空气有过滤作用,吸收空气中的水分,从而保证油的清洁。浸有氯化钴的硅胶在干燥时呈蓝色的颗粒状,受潮后变成白色或粉红色,当受潮硅胶占到整体的1/3 及以上时,就应该及时更换,不能超过2/3 时才更换硅胶。

8. 气体继电器(瓦斯继电器)

气体继电器位于储油柜与箱盖的联通管之间,如图2-2所示,在变压器内部发生故障(如绝缘击穿、相间短路、匝间短路、铁芯事故等)产生气体时,接通信号或跳闸回路,进行报警或跳闸,以保护变压器。

9. 高低压绝缘套管

变压器内部的高低压引线是经绝缘套管引到油箱外部的,如图2-2所示,它起着固定引线和对地绝缘的作用。套管由带电部分和绝缘部分组成,带电部分可以是导电杆、导电管、电缆或铜排,导电杆下端与绕组引线相连接,上端与线路相连接。绝缘部分分为外绝缘和内绝缘,外绝缘为瓷管,内绝缘为变压器油、附加绝缘和电容性绝缘。

10. 分接开关

如图 2-2 所示,为了供给稳定的输出电压,均需对变压器进行调整。目前,变压器调整电压的方法是在其某一侧绕组上设置分接,用来切除或增加一部分绕组的线匝,以改变绕组匝数,从而达到改变电压比的有级调压方法。这种绕组抽出分接以供调压的电路称为调压电路,交换分接以进行调压所采用的开关称为分接开关。一般情况下是在高压绕组上抽出适当的分接,这是因为高压绕组常套在外面,引出分接方便,同时高压侧电流下,分接引线和分接开关的载流部分截面小,开关接触触头也较容易制造。

变压器二次不带负载,一次也与电网断开(无电源励磁)的调压,称为无励磁调压,一般无励磁调压的配电变压器的调压范围是 $\pm 5\%$ 或 $\pm 2 \times 2.5\%$。带负载进行变换绕组分接的调压,称为有载调压。

11. 绝缘

变压器内部主要绝缘材料有变压器油、绝缘纸板、电缆纸、皱纹纸等,如图 2-2 所示。变压器油为矿物油,由石油分馏而得,这种油具有较大的介质常数,可增设绝缘作用。其作用是:绝缘作用,变压器油具有比空气高得多的绝缘强度,绝缘材料浸在油中,不仅可以提高绝缘强度,而且可免受潮气的侵蚀;消弧作用,在变压器的有载调压上,触头切换时会产生电弧,由于变压器油导热性能好,且在电弧的高温作用下能分解大量气体,产生较大压力,从而提高了介质的灭弧性能,使电弧很快熄灭;散热作用,变压器油的比热大,常用作冷却剂,变压器运行时产生的热量使靠近铁芯和绕组的油受热膨胀上升,通过油的上下对流,热量通过散热器散出,保证变压器正常运行;过滤作用,变压器油具有很强的吸湿性,空气进入吸湿器时,先由油杯中的变压器油过滤一次,其中水汽已基本被油吸收,一般油杯中的油一年以后吸收水分的性能已达到饱和失去应有的功能。

(二)工作原理

变压器是根据电磁感应原理工作的,变压器由铁芯和绕组组成,两个互相绝缘且匝数不等的绕组,套装在由良好导磁材料制成的闭合铁芯上,其中接电源的绕组叫一次(原边)绕组,其余的绕组叫二次(副边)绕组。当一次绕组中通有交流电流时,铁芯中便产生交变磁通,这个交变磁通不仅穿过一次绕组,同时还穿过二次绕组,在两个绕组中分别产生与电源频率相同的感应电动势。此时,如果二次绕组与外电路的负荷接通,便可向负载供电,实现电能的输出。

一次、二次绕组中感应电动势的大小正比于各自的匝数,同时也约等于各自侧的电压,只要一次、二次绕组的匝数不等,便可使一次、二次绕组具有不同的电动势和电压。变压器在传递能量的过程中,一次、二次绕组的功率基本相等,当两侧电压不等时,两侧电流也不相等,高压侧的电流小,低压侧的电流大,因此变压器在改变电压的同时,也改变了电流。总体来说,变压器利用电磁感应原理,改变原交流电源的电压、电流,而不改变频率,从而达到交流电能传递的目的。

二、变压器的作用

变压器是一种静止的电气设备。它是根据电磁感应的原理,将某一等级的交流电压和电流转换成同频率的另一等级电压和电流的设备。作用:变换交流电压,交换交流电流和变换阻抗。

三、变压器的运行与维护

(一)变压器的额定运行方式

(1)变压器运行中的允许温度应按上层油温来检查,上层油温最高不得超过 95 ℃,为防止变压器油劣化过快,上层油温不宜超过 85 ℃。

(2)油浸风冷变压器在吹风冷却时,可按额定容量运行。当油浸风冷变压器冷却系统故障,风扇停止运行后,若变压器上层油温不超过 65 ℃且温升不超过 55 K,允许带额定负荷运行;否则应降低负荷运行(一般为额定负荷的 70%)。

(3)变压器的运行电压允许在额定电压 ±5% 范围内变化,其额定容量不变;施加在变压器各分接头上的电压应不大于其相应额定值的 105%。

(二)变压器的电压调整

(1)变压器分为有载调压和无载调压两种。

(2)无载调压变压器分接头位置的切换工作必须在变压器停电并做好安全措施后进行,在变换分接头时,应正反方向各转动 5 周,以消除氧化膜及油污,然后固定在需调整的位置上,并注意分接头位置是否正确且三相一致。在切换分接头后,应测量分接开关直流电阻是否合格及检查锁紧位置,运行人员做好相应记录。

(三)变压器运行中的检查维护

(1)值班人员应监视变压器的运行情况。每班必须对变压器进行巡视检查,并做好记录。

(2)运行中的主变压器巡回检查项目:

①变压器声音正常,无异常振动或放电声。

②油枕油位正常,充油套管油位、油色正常。

③变压器本体、油枕、散热器、充油套管及所有焊缝和结合面无渗、漏油现象。

④呼吸器畅通完好,硅胶应干燥无受潮变色现象(硅胶受潮率达 60% 时应更换)。

⑤绝缘套管外部应清洁,无裂纹、破损、放电痕迹等异常现象。

⑥冷却风扇运转正常,油流指示器与运行冷却风扇相对应。

⑦各分线接头、母排及架空线应无发热变色现象。

⑧瓦斯继电器内无气体。

⑨变压器的最高上层油温和温升不超过极限值,压力释放阀完好,防爆管无喷油现象。

⑩变压器各保护压板正确投入,变压器控制箱、二次端子箱门应关严,无受潮现象。

(3)干式变压器定期巡视检查:

①变压器高低压侧接头无过热。

②绕组的温度及温升不超过规定值。

③变压器无异响、异味。

④变压器室内无积水,其顶部无漏、渗水现象。

(4)在下列情况下应对变压器进行特殊巡视检查,并增加检查次数:

①新投运或经检修后投运72 h内。

②变压器有缺陷时。

③气候突变(如大风、大雾、大雪、冰雹)时。

④雷雨季节,特别是雷雨后。

⑤高温季节、高峰负载期间。

⑥变压器过负荷时。

⑦轻瓦斯继电器信号发出后。

【任务实施】

1.要求

外观美观,结构完整,各部件之间连接正确。

2.实施流程

(1)选定变压器型号。

(2)制订变压器制作方案初稿。

(3)小组讨论＋指导教师指导,形成制作方案定稿。

(4)方案实施:在实施过程中,可根据具体情况调整方案。

3.交流讨论

组织全班同学进行小组交流讨论、互评,对方案进一步修改。

4.考核

小组考核＋指导教师考核。

任务二　分析变压器中性点的运行方式

【工作任务】　分析变压器中性点的运行方式。

【任务介绍】　变压器三相绕组作星形连接,其尾端连接在一起的点叫变压器的中性点。变压器倒闸操作、巡视检查、检修必须考虑中性点的运行方式,因为变压器中性点的运行方式直接影响电网设备的绝缘水平、系统过电压水平及过电压保护元件的选择、继电保护方式、系统的运行可靠性和连续性。电气值班人员及变电站值班人员必须熟悉中性点的运行方式。

【相关知识】

一、变压器的中性点

变压器三相绕组作星形连接,其尾端连接在一起的点叫变压器的中性点,而电力系统的中性点除有变压器的中性点外,还有三相绕组作星形连接的发电机的中性点。电力系统中性点与大地间的电气连接方式,称为电力系统中性点接地方式(中性点运行方式)。电力系统中性点的运行方式,可分为中性点非有效接地和中性点有效接地两大类。

（1）中性点非有效接地包括中性点不接地、中性点经消弧线圈接地和中性点经高电阻接地的系统，当发生单相接地时，接地电流被限制到较小数值，故又称为小接地电流系统。

（2）中性点有效接地包括中性点直接接地和中性点经小阻抗接地的系统，因发生单相接地时接地电流很大，故又称为大接地电流系统。

中性点接地方式是一个综合性的、系统性的问题，既涉及电网的安全可靠性，也涉及电网的经济性，电力系统中性点接地方式与电压等级、单相接地短路电流、过电压水平、继电保护和自动装置的配置等有关，直接影响电网的设备绝缘水平、系统过电压水平及过电压保护元件的选择、继电保护方式、系统的运行可靠性和连续性、主变压器和发电机的运行安全以及对通信系统的干扰等。在选择中性点接地方式时必须进行具体分析、全面考虑。

二、中性点的接地方式

（一）中性点不接地系统

电力系统正常运行时，一般认为三相系统是对称的，如图 2-3 所示，若三相导线经过完全换位，若各相的对地电容相等，则各相对地电压分别为

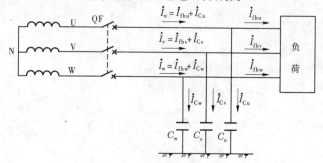

图 2-3 中性点不接地系统

$$\begin{cases} \dot{U}_{ud} = \dot{U}_u + \dot{U}_n = \dot{U}_u \\ \dot{U}_{vd} = \dot{U}_v + \dot{U}_n = \dot{U}_v \\ \dot{U}_{wd} = \dot{U}_w + \dot{U}_n = \dot{U}_w \end{cases} \tag{2-1}$$

各相导线对地的电容相等并等于 C，正常时各相对地电容电流的有效值也相等，如图 2-4 所示，且有

$$I_{Cu} = I_{Cv} = I_{Cw} = \omega C U_{ph} \tag{2-2}$$

各相电流为各相负荷电流与相应的对地电容电流的相量和。图 2-4 中仅画出 U 相的情况。在对称电压的作用下，各相的对地电容电流大小相等，相位相差 120°，如图 2-5 所示，各相对地电容电流的相量和为零，所以大地中没有电容电流流过。

当 W 相完全接地时，故障相的对地电压为零，如图 2-6 所示，则有

$$\begin{cases} \dot{U}'_{wk} = \dot{U}'_n + \dot{U}_n \\ \dot{U}'_n = - \dot{U}_w \end{cases} \tag{2-3}$$

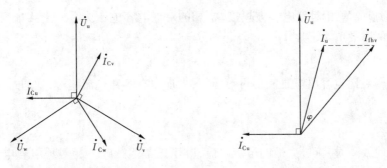

图2-4　各相对地电容电流	图2-5　负荷电流相量图

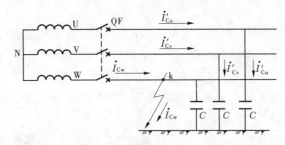

图2-6　W相单相接地故障

非故障相 U 相和 V 相的对地电压分别为

$$\begin{cases} \dot{U}'_{uk} = \dot{U}_u + \dot{U}'_n = \dot{U}_u - \dot{U}_w \\ \dot{U}'_{vk} = \dot{U}_v + \dot{U}'_n = \dot{U}_v - \dot{U}_w \end{cases} \tag{2-4}$$

非故障相的对地电压升高到线电压,即升高为相电压的 $\sqrt{3}$ 倍,各相对地电压的相量关系如图 2-7 所示。

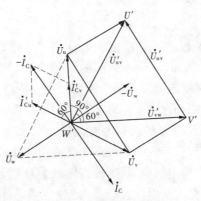

图2-7　各相对地电压相量图

系统三相的线电压仍保持对称且大小不变。因此,对于接在线电压的用电设备其工作并无影响,无须立即中断供电,可以继续运行,但是这种电网长期在一相接地的状态下运行,也是不允许的,因为这时非故障相电压升高,绝缘薄弱点很可能被击穿,而引起两相接地短路,将严重地损坏电气设备。所以,在中性点不接地电网中,必须设专门的绝缘监察装置,以便运行人员及时发现一相接地故障,从而切除电网中的故障部分。

W 相接地时,W 相对地电容被短接,W 相的对地电容电流为零。未接地 U、V 相的对地电容电流的有效值为

$$I_{Cu} = I_{Cv} = \sqrt{3}\,\omega C U_P \tag{2-5}$$

此时三相对地电容电流之和不再等于零,大地中有容性电流流过,并通过接地点形成回路,接地电流为

$$\dot{I}_C = -(\dot{I}'_{Cu} + \dot{I}'_{Cv}) \tag{2-6}$$

单相接地故障时,流过大地的电容电流,等于正常运行时一相对地电容电流的 3 倍,其有效值为

$$I_C = \sqrt{3}\,I'_{Cu} = 3\omega C U_{ph} \tag{2-7}$$

在中性点不接地系统中,当接地的电容电流较大时,在接地处引起的电弧就很难自行熄灭。在接地处还可能出现间隙电弧,即周期地熄灭与重燃的电弧。由于电网是一个具有电感和电容的振荡回路,间歇电弧将引起相对地的过电压,其数值可达$(2.5 \sim 3)U_P$。这种过电压会传输到与接地点有直接电连接的整个电网上,更容易引起另一相对地击穿,而形成两相接地短路。

接地电流的大小与系统的电压、频率和对地电容值有关,而对地电容值又与线路的结构(电缆或架空线、有无避雷线)、布置方式、相间距离、导线对地高度、杆塔型式和导线长度有关,即

$$I_C = \frac{U(L_1 + 35L_2)}{350} \tag{2-8}$$

式中 I_C——接地电容电流,A;

U——系统的线电压,kV;

L_1——架空线路的总长度,km;

L_2——电缆线路的总长度,km。

当发生不完全接地时,即通过一定的电阻接地时,接地相的对地电压大于零而小于相电压,未接地相的对地电压大于相电压而小于线电压,中性点电压大于零而小于相电压,线电压仍保持不变,此时的接地电流要比完全接地时小一些。

中性点不接地系统发生单相接地故障时会产生很多的影响,单相接地时,在接地处有接地电流流过,会引起电弧,此电弧的强弱与接地电流的大小成正比。当接地电流不大时,交流电流过零时电弧将自行熄灭,接地故障随之消失,电网即可恢复正常运行;当接地电流超过一定值时,将会产生稳定的电弧,形成持续的电弧接地,高温的电弧可能损坏设备,甚至可能导致相间短路,尤其在电机或电器内部发生单相接地出现电弧时最危险;接地电流小于 30 A 而大于 5 ~ 10 A 时,有可能产生一种周期性熄灭与复燃的间歇性电弧,将引起过电压,其幅值可达 2.5 ~ 3 倍的相电压,这个过电压对于正常电气绝缘来说应能承受,但当绝缘存在薄弱点时,可能发生击穿而造成短路,危及整个电网的安全。

单相接地故障时,由于线电压保持不变,对电力用户没有影响,用户可继续运行,提高了供电可靠性。为防止由于接地点的电弧及伴随产生的过电压,引起故障范围扩大,在这种系统中必须装设交流绝缘监察装置,当发生单相接地故障时,立即发出绝缘下降的信

号,通知运行值班人员及时处理。电力系统的有关规程规定:在中性点不接地的三相系统中发生单相接地时,允许继续运行的时间不得超过 2 h,并要加强监视。系统中电气设备和线路的对地绝缘必须按能承受线电压考虑设计,从而相应地增加了投资。

因此,其适用范围如下:

(1)3~10 kV 钢筋混凝土或金属杆塔的架空线路构成的系统和所有 35 kV、66 kV 系统,不直接连接发电机的系统,接地电流 $I_C < 10$ A 时。

(2)3~10 kV 非钢筋混凝土或非金属杆塔的架空线路构成的系统,电压为 3 kV 时,接地电流 $I_C < 30$ A;电压为 6 kV 时,接地电流 $I_C < 20$ A。

(3)3~10 kV 电缆线路构成的系统,接地电流 $I_C < 30$ A 时。

(4)与发电机有直接电气联系的 3~20 kV 系统,如果要求发电机带内部单相接地故障运行,当接地电流 $I_C \leqslant 5$ A 时。

(二)中性点经消弧线圈接地系统

当一相接地电容电流超过了上述的允许值时,可以用中性点经消弧线圈接地的方法来解决,该系统即称为中性点经消弧线圈接地系统,如图 2-8 所示。

消弧线圈主要由带气隙的铁芯和套在铁芯上的绕组组成,它们被放在充满变压器油的油箱内。绕组的电阻很小,电抗很大。消弧线圈的电感,可用改变接入绕组的匝数加以调节。

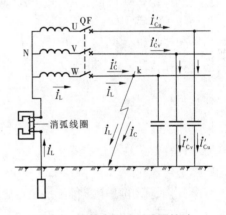

图 2-8 中性点经消弧线圈接地

1.消弧线圈的结构及种类

消弧线圈有离线分级调匝式、在线分级调匝式、气隙可调铁芯式、气隙可调柱塞式、直流偏磁式、直流磁阀式、调容式、五柱式等。

(1)离线分级调匝式消弧线圈:其外形和小容量单相变压器相似,有油箱、油枕、玻璃管油表及信号温度计。内部实际上是一只具有分段(带气隙)铁芯的可调电感线圈,铁芯和线圈浸放在油箱内。气隙可避免磁饱和,使补偿电流和电压成线性关系,减少高次谐波,使电抗值较稳定,以保证已整定好的调谐值恒定。同时,带气隙可减小电感、增大消弧线圈的容量。在铁芯柱上设有主线圈,一般采用层式结构,以利于线圈绝缘。在铁轭上设有电压测量线圈,在主线圈的接地端装有电流互感器。消弧线圈装有改变线圈的串联连接匝数的分接头,分接头被引到装于油箱内壁的切换器上,切换器的传动机构则伸到顶盖外面。这种消弧线圈不允许带负荷调整补偿电流,切换分接头时需先将消弧线圈断开,所以称为离线分级调匝式。

(2)在线分级调匝式消弧线圈:由电动传动机构驱动油箱上部的有载分接开关,以改变线圈的串联连接匝数,从而改变线圈电感、电流。

(3)气隙可调铁芯式消弧线圈、气隙可调柱塞式消弧线圈:由电动机经蜗杆驱动可移动铁芯,通过改变主气隙的大小来调节导磁率,从而改变线圈的电感、电流。

(4)直流偏磁式消弧线圈:带气隙的铁芯上有交流绕组和直流控制绕组,通过调节直流控制绕组的励磁电流,来实现平滑调节消弧线圈的电感、电流。

2. 消弧线圈的工作原理

消弧线圈装在系统中发电机或变压器的中性点与大地之间,正常运行时,中性点的对地电压为零,消弧线圈中没有电流通过。当系统发生单相接地故障时,中性点的对地电压等于接地相电压,消弧线圈在中性点电压的作用下,有一个电感电流通过,此电感电流必定通过接地点形成回路,接地点的电流为接地电流与电感电流的相量和,如图 2-9 所示。接地电流 $\dot{I}_C$ 超前 $\dot{U}_w$ 90°,电感电流 $\dot{I}_L$ 滞后 $\dot{U}_w$ 90°,在接地处接地电流和电感电流互相抵消,称为电感电流对接地电容电流的补偿。

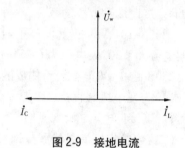

图 2-9　接地电流

适当选择消弧线圈的匝数,可使接地点的电流变得很小或等于零,从而消除接地处的电弧以及由电弧所产生的危害,消弧线圈也正是由此得名。

通过消弧线圈的电感电流:

$$I_L = \frac{U_{ph}}{\omega L} \qquad (2-9)$$

根据消弧线圈产生的电感电流对容性的接地故障电流补偿的程度,可分为完全补偿、欠补偿和过补偿三种补偿方式。

1) 完全补偿

完全补偿是使电感电流等于接地电容电流,接地处电流为零。在正常运行时的某些条件下,可能形成串联谐振,产生谐振过电压,危及系统的绝缘。如线路三相的对地电容不完全相等或断路器接通而三相触头未能同时闭合时,中性点与地之间会出现一定的电压,此电压作用在消弧线圈通过大地与三相对地电容构成串联回路。此时 $x_L = x_C$ 满足串联谐振条件;在串联回路中会产生很大的电流使消弧线圈有很大的压降,结果中性点对地的电位升高,可能使设备绝缘损坏。因此,一般不采用完全补偿方式。

2) 欠补偿

欠补偿是使电感电流小于接地的电容电流,系统发生单相接地故障时接地点还有容性的未被补偿的电流。在欠补偿方式下运行时,部分线路停电检修或系统频率降低等原因都会使接地电流减少,又可能变为完全补偿。故装在变压器中性点的消弧线圈,以及有直配线的发电机中性点的消弧线圈,一般不采用欠补偿方式。

3) 过补偿

过补偿是使电感电流大于接地的电容电流,系统发生单相接地故障时接地点有剩余的感性电流。消弧线圈选择时留有一定的裕度,一般要求补偿到不产生电弧为止,即使电网发展使电容电流增加,仍可以继续使用。故过补偿方式在电力系统中得到广泛应用。

中性点经消弧线圈接地系统在运行时,实际上都不采用完全补偿的方式,也不采用欠补偿的方式,而采用过补偿的方式。若采用完全补偿方式,在发生单相接地故障时,是一个谐振系统,完好相的电容与消弧线圈的电感形成串联谐振回路,串联谐振也是电压谐振,谐振过电压不但危及系统的对地绝缘,也对消弧线圈形成威胁,因此一般谐振系统都不采用完全补偿的运行方式。若采用欠补偿的运行方式,在发生单相接地故障时,电感电流小于电容电流,即 $I_L < I_C$,这时若发生系统运行方式改变,比如由于某种原因部分线路切除,使得每相的对地电容减小,容抗变大,便有可能使得 $x_L = x_C$,满足串联谐振条件,只有采用过补偿的运行方式,虽切除了部分线路使电容减小了,也不会满足谐振过条件,只要选择消弧线圈时留有一定的裕度,将来电网发展,对地电容增加后,原来的消弧线圈还可以使用。但过补偿方式下接地点补偿后的电流大小应该不能超过某一规定值,否则故障点的电弧不能自动熄灭,一般采用过补偿后的残余电流不超过 5 ~ 10 A。运行经验证明,各种电压等级的电网,只要残余电流不超过允许值,接地电弧会自动熄灭。

在正常运行时,如果中性点的位移电压过高,即使采用了消弧线圈,在发生单相接地时,接地电弧也难以熄灭。中性点经消弧线圈接地系统在正常运行时,其中性点的位移电压不应超过额定相电压的15%,否则接地处的电弧不能自行熄灭。

总体来说,中性点经消弧线圈接地系统供电可靠性高,绝缘投资较大;中性点经消弧线圈接地后,能有效地减小单相接地故障时接地处的电流,使接地处的电弧迅速熄灭,防止了经间歇性电弧接地时所产生的过电压。因此,中性点经消弧线圈接地系统发生单相接地故障时,允许运行一段时间,但不超过 2 h,如在这段时间内无法消除接地点,应将接地的部分线路停电,停电范围越小越好。

目前,中性点经消弧线圈接地系统安装自动跟踪补偿装置,自动补偿装置一般由驱动式消弧线圈和自动控制系统配套构成,自动完成跟踪测量和跟踪补偿,它在谐振系统中能够避免人工调节消弧线圈的诸多麻烦,不会使电网部分或全部在调谐过程中暂时失去补偿。当补偿电网的运行方式改变时,该装置便自动跟踪测量电网的电容电流,将消弧线圈调谐到合理的补偿状态,或者当电网发生单相接地故障时,迅速将消弧线圈调谐到接近谐振点的位置运行,使接地电弧瞬间熄灭。所以,自动跟踪补偿装置能够保持精确的精度,不仅提高了消弧线圈动作的成功率,减轻了运行工作人员的操作负担,同时能限制接地过电压和谐振过电压,虽然投资有所增加,但给运行人员带来许多方便,而且能显著提高电网的供电连续性。

在中性点经消弧线圈接地的系统中,一相接地和中性点不接地系统一样,故障相对地电压为零,非故障相对地电压升高 $\sqrt{3}$ 倍,三相线电压仍然保持对称和大小不变,所以也允许暂时运行,但不得超过 2 h。消弧线圈的作用对瞬时性接地系统故障尤为重要,因为它使接地处的电流大大减小,电弧可能自动熄灭。接地电流小,还可减轻对附近弱电线路的影响。在中性点经消弧线圈接地的系统中,各相对地绝缘和中性点不接地系统一样,也必须按线电压设计。

但在中性点经消弧线圈接地系统中,由于电感电流的滞后性使得申弧间歇接地,过电压仍然会短时存在;电网的参数随时变化,调整消弧线圈的补偿容量响应速度较慢,仍然会造成过电压的出现;对全电缆出线的配电变电站,接地故障通常都为永久性故障,中性点安装消弧线圈已失去意义。中性点经消弧线圈接地系统多用于以架空线路为主体的 3 ~ 60 kV 系统、雷击事故严重的地区和某些大城市电网的 110 kV 系统。

（三）中性点直接接地系统

中性点直接接地方式就是将中性点直接接入大地，如图 2-10 所示，正常运行时，中性点的电压为零，中性点没有电流流过。发生单相接地时，由于接地相直接通过大地与电源构成单相回路，形成单相短路故障，则短路电流很大，继电保护装置立即动作，断路器断开，迅速切除故障部分。

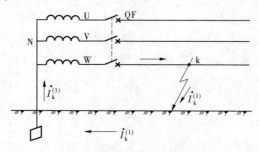

图 2-10　中性点直接接地系统

当中性点直接接地时，接地电阻近似为零，所以中性点与地之间的电位相同，即 $\dot{U}_n = 0$。

单相短路时，故障相的对地电压为零，非故障相的对地电压基本保持不变，仍接近于相电压。

对于中性点直接接地系统，单相接地短路时，非故障相的对地电压基本保持不变，仍接近于相电压。设备和线路对地绝缘按相电压设计，降低了造价。电压等级愈高，节约投资的经济效益愈显著；但中性点直接接地系统，在发生一相接地故障时，故障的送电线被切断，因而使用户的供电中断。运行经验表明，在 1 000 V 以上的电网中，大多数的一相接地故障，尤其是架空送电线路的一相接地故障，大都具有瞬时的性质，在故障部分切除以后，接地处的绝缘可能迅速恢复，而送电线可以立即恢复工作。目前，在中性点直接接地的电网内，为了提高供电可靠性，均装设自动重合闸装置，在系统一相接地线路切除后，立即自动重合，再试送一次，如为瞬时故障，送电即可恢复；若为永久故障，则再次断开，切除故障线路，而单相接地时的短路电流很大，必须选用较大容量的开关设备。单相接地时，对附近通信线路将产生电磁干扰，为减少电磁干扰，电力线路应尽量避免和通信线路平行架设。在 110 kV 及其以上的系统中广泛采用。

（四）中性点经阻抗接地系统

中性点经电阻接地方式，即中性点与大地之间接入一定阻值的电阻，如图 2-11 所示。该电阻与系统对地电容构成并联回路，由于电阻是耗能元件，也是电容电荷释放元件和谐振的阻压元件，对防止谐振过电压和间歇性电弧接地过电压，有一定优越性。

当电网中性点不接地运行时，即使系统的电容电流不大，也会因为在单相接地时产生间歇性的弧光过电压，使非故障相的电位可能升高到足以破坏其绝缘水平的程度，甚至形成相间短路。如果在变压器的中性点串接一电阻器后泄放间歇性的弧光过电压中电磁能量，则中性点电位降低，故障相恢复电压上升速度也减慢，从而减少电弧重燃的可能性，抑制了电网过电压的幅值，并使有选择性的接地保护得以实现。

在 6～66 kV 电网中，传统的分类把电阻分为高电阻、中电阻和小电阻三种形式（也有

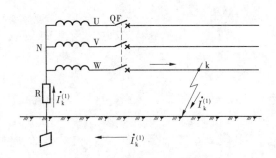

图 2-11 中性点经阻抗接地系统

只分高电阻和低电阻两种)。对应的电阻值如下:

(1)高电阻 >500 Ω,接地故障电流 <10 ~ 15 A;

(2)中电阻 10 ~ 500 Ω,15 A < 接地故障电流 <600 A;

(3)小电阻 <10 Ω,接地故障电流 >600 A。

电阻器的电压一般按电网最高运行电压选取;从降低过电压和电网的发展,电阻器阻值要保证接地电阻的阻性电流大于容性电流的 1 ~ 1.5 倍。在发电厂中,发电机的电阻器可装在发电机中性点上,厂用电的电阻器可装在厂用变压器的中性点上。在城区、农网和工矿企业、公共设施的变电站中,电阻器一般装在变压器的中性点上。

1. 小电阻接地

小电阻接地方式由于接地电流较大,可快速切断接地故障点,过电压水平低,能消除谐振过电压,可采用绝缘水平较低的电缆和电气设备;减少绝缘老化,延长设备使用寿命,提高设备可靠性;可降低火灾事故的概率;当小电阻接地方式的接地故障电流高达 600 ~ 1 000 A 或以上,会在电力系统中带来几个问题:

(1)过大故障电流容易扩大事故,即当电缆发生单相接地时,强烈的电弧会危及邻相电缆或同一电缆沟里的相邻电缆酿成火灾,扩大事故。

(2)数百安以上的接地电流会引起地电位升高达数千伏,大大地超过了安全的允许值,会对低压设备、通信线路、电子设备和人身保安都有危险。如低压电器要求不大于 1 000 V;通信线路要求不大于 430 ~ 650 V 地电位差;电子设备接地装置不能超过升高 600 V 的电位;人身保安要求的跨步电压和接触电压在 0.2 s 切断电源条件下不大于 650 V,延长切断电源时间会有更大危害。

(3)小电阻流过的电流过大,电阻器产生的热容量因与接地电流的平分成正比,会给电阻器的制造带来困难,给运行也带来不便。

在 500 kV 及其以上系统,为了限制单相短路电流,可在中性点与地之间接一个电抗值较小的电抗器,保证正常运行时中性点的位移电压在允许范围内。中性点采用小阻抗接地要求该系统中所有变压器的中性点都经一个小电抗器接地,即使系统被分裂成几个部分,也不会出现中性点不接地的变压器,对主变中性点绝缘水平要求大大降低。

中性点经过小电阻接地和中性点不接地系统对比,其优点主要是发生单相接地时,相电压升幅较小,对设备的绝缘要求可以降低,并且可以限制接地的电流,由于流过故障线路的电流比不接地系统较大,使得零序过流保护有较好的灵敏度,可以比较容易确定故障,解除接地线路;缺点为当发生单相接地时,保护拒动或者动作不及时,由于接地电流较大,可能导致故障的扩大。并且由于保护具有较高的灵敏度,当发生短暂接地故障时也会动作于跳闸,使供电的可靠性降低。

2. 中电阻接地

为了克服小电阻的不足之处,而保留其优点,可以采用中电阻接地方式。其要求是:

(1)选择接地电阻值时,应保证电阻的接地电流是对地电容电流的 1~1.5 倍,$I_r = (1 ~ 1.5)I_C$,以限制过电压值不超过 2.6 倍(此数值是高压电动机、发电机可以承受的最大过电压倍数)。

(2)从保证人身及设备安全出发,在对接地电阻为 4 Ω 的用户变电站,接地故障电流不宜超过 150 A。即系统的 I_C 和 I_r 控制在 100 A 左右为宜。当 I_C 超过 100 A 时,可采取的措施:增加变电站的母线段数,减少一段母线上连接的出线数量,即降低该段母线的电容电流;给中性点接地电阻串联一只干式小电抗,把 I_C 补偿到 100 A 以下。从以上分析可知,中电阻接地方式有着较大的生命力,较小电阻接地方式有较大的优势,是值得进一步研讨完善的接地方式之一。

3. 高电阻接地

高电阻接地方式是以限制单相接地故障电流,并可防止谐振过电压和间歇性弧光接地过电压,主要应用于大型发电机组、发电厂厂用电和某些 6~10 kV 变电站。它最大的特点是当系统发生单相接地时可以继续运行 2 h,这与中小电阻运行方式有着根本不同。

发电机—变压器组单元接线的 200 MW 及其以上发电机,当接地电流超过允许值时,常采用中性点经高电阻接地的方式,电机内部发生单相接地故障要求瞬时切机时,宜采用高电阻接地方式。

目前,我国电力系统中性点的运行方式,大体是:

(1)对于 6~10 kV 系统,由于设备绝缘水平按线电压考虑对于设备造价影响不大,为了提高供电可靠性,一般均采用中性点不接地或经消弧线圈接地的方式。

(2)对于 110 kV 及其以上的系统,主要考虑降低设备绝缘水平,简化继电保护装置,一般均采用中性点直接接地的方式,并采用送电线路全线架设避雷线和装设自动重合闸装置等措施,以提高供电可靠性。

(3)20~60 kV 的系统,是一种中间情况,一般一相接地时的电容电流不很大,网络不是很复杂,设备绝缘水平的提高或降低对造价影响不是很显著,所以一般均采用中性点经消弧线圈接地方式。

(4)1 kV 以下的电网的中性点采用不接地方式运行。但电压为 380/220 V 的系统,采用三相五线制,零线是为了取得相电压,地线是为了安全。

4. 变压器中性点接地

(1)主变压器 110~500 kV 侧中性点的接地方式:主变压器的 110~500 kV 侧采用中性点直接接地或经小阻抗接地方式,以降低设备绝缘水平。

(2)主变压器 6~63 kV 侧中性点的接地方式:主变压器 6~63 kV 侧采用中性点不接地方式,以提高供电连续性,但当单相接地电流大于允许值时,中性点经消弧线圈接地,中性点经消弧线圈时宜采用过补偿方式。

5. 发电机中性点接地

(1)125 MW 及其以下的发电机内部发生单相接地故障不要求瞬时切机时,单相接地故障电流小于允许值时,中性点采用不接地方式。

(2)接地故障电流大于允许值的 125 MW 及其以下的发电机,或者 200 MW 及其以上的大机组要求能带单相接地故障运行时,中性点采用经消弧线圈接地方式。

【任务实施】

1. 要求

能对变压器中性点的各种运行方式进行分析。

2. 实施流程

(1)熟悉 220 kV\35 kV 仿真变电站系统。

(2)查看该系统变压器中性点的运行方式。

(3)分析该系统采用此种中性点运行方式的原因。

3. 交流讨论

组织全班同学进行小组交流讨论。

4. 考核

小组考核+指导教师考核。

任务三　检修变压器的呼吸器

【工作任务】　检修变压器的呼吸器。

【任务介绍】　在发电厂及变电站中,为确保变压器正常运行,需要及时对变压器的呼吸器进行巡视检查,且能及时判断呼吸器内硅胶是否需要更换,因此需要掌握呼吸器的工作原理、呼吸器各部件的作用、由呼吸器引起设备异常的案例。变压器呼吸器的检修包括对硅胶的更换及变压器油的更换,变电运行值班员及变电检修值班员必须对该任务熟练掌握,该任务可确保未经净化的空气不能进入变压器油枕,避免变压器油受潮,减少变压器内部由于变压器油质劣化引起的内部故障。

【相关知识】

一、变压器呼吸器的工作原理

变压器呼吸器也叫变压器吸湿器,由一根铁管和玻璃容器组成,玻璃容器内装干燥剂(如硅胶),由于变压器在运行中温度会随时变化,导致变压器内部的油位升高或降低。只有油面的升高或降低才能使变压器内部保持常压状态(可以理解为呼吸),因此为了减缓变压器油的劣化速度及防止空气对绝缘油的污染,在油的呼气通道上加装呼吸器。呼吸器一般安装在离地面 1.5~2 m 的高度,以便于检查和维护。

电网中使用的大中型变压器一般都配有呼吸器。其作用是吸附空气中进入油枕胶囊、隔膜中的潮气,清除和干燥由于变压器油温的变化而进入变压器油枕胶囊的空气中的杂物和潮气,以免变压器油受潮,以保证变压器油的绝缘强度。当变压器受热膨胀时,呼出变压器油枕胶囊中多余的空气;当变压器油温降低收缩时,吸入外部空气。当吸入外部空气时,储油盒(油杯)里的变压器油过滤外部空气,然后硅胶将没有过滤去的水分吸收,使变压器内的变压器油不受外部空气中水分的侵入,使其水分含量始终在标准以内。若未经净化的空气直接进入变压器油枕胶囊,吸入了空气中的杂质和水分后,增大变压器中绝缘油变质的可能性。特别是 110 kV 以上的变压器,其体积相对较大,接触面积也广,变压器油更易受潮。如果呼吸器未安装或者长期没有更换,运行人员就无法通过变压器油色的变化来判断变压器是否受潮。一旦变压器油受潮且长期不管,变压器油绝缘降低,不仅会导致变压器内部故障,而且会殃及其他线路的安全、可靠、稳定运行。

二、变压器呼吸器的结构

(一)呼吸器的硅胶

硅胶干燥剂是一种高活性吸附材料,如图 2-12 所示,通常是用硫酸钠和硫酸反应,并经老化、酸泡等一系列后处理过程而取得的。现在使用的硅胶多为蓝色硅胶干燥剂,它是一种具有高度细孔的结构。蓝色,半透明,经吸湿其颜色由蓝色变成浅红色,可与一般细孔球形硅胶混合使用做指示剂,以指示干燥剂吸水饱和程度,主要用于干燥吸湿。硅胶在未吸湿前,呈蓝色,装入吸湿器后色泽鲜艳,便于观察。如果吸

图 2-12　呼吸器更换的硅胶

湿剂吸入足够的水分就处于饱和状态而变成粉红色,运行值班人员可通过呼吸器内硅胶颜色的变化,来判断硅胶是否潮解。当硅胶受潮部分占到整体的 2/3 及其以上时,就应该及时更换,更换后的硅胶应在 115～120 ℃下干燥数小时,等到呈天蓝色可再重复使用。但有时硅胶的颜色变成黑色,一般分布在呼吸器的上部或下部,那是因为进了变压器油,底部是因为呼吸时下部油杯油过多而吸入,上部的有可能是油枕内油囊有问题,造成油气在里面,这样就使得呼吸器硅胶变黑,如果遇到夏季,呼吸加剧,呼出的油气量还要多一些,就更容易变黑了。

硅胶变色过快的原因主要有以下几点:

(1)长时期阴雨天气,空气湿度较大,因吸湿量大而过快变色。

(2)呼吸器容量偏小。

(3)硅胶罐有裂纹、破损。

(4)呼吸器下部油封罩内无油或油位太低,起不到良好的油封作用,使湿空气未经油封过滤而直接进入硅胶罐内。

(5)呼吸器安装不当,如螺丝松动、密封不好等。一般情况下,变压器中呼吸器硅胶的变色是非常缓慢的,但当运行环境异常、安装工艺及产品质量出现问题时,硅胶吸潮变色加快,甚至变色过程出现异常等现象。这时候我们就要考虑对变压器进行故障检修,同时更换硅胶。

(二)呼吸器油杯

呼吸器油杯是为了盛油,油杯中的变压器油是根据变压器所在环境而选择不同牌号的油,我国变压器油是以其凝固点高低来划分牌号的,有#10、#25 和#45 三种。#25 变压

器油最常用,其凝固点为 -25 ℃,可在国内大部分地方上使用;#45 变压器油,其凝固点为 -45 ℃,基本用在东北、西北、青藏高原等寒冷地区;#10 变压器油,其凝固点为 -10 ℃,通常在南方亚热带地区有使用。油杯中盛油的多少以没过呼吸器呼气嘴但不能溢出为限,这样做是为了将呼吸器密封,杜绝外界空气的水分进入呼吸器,使呼吸器的干燥剂只吸附变压器内部的潮气,起到干燥变压器油的作用。但是当有空气进入吸湿器时,先由油杯中的变压器油过滤一次,其中水汽基本被油吸收,再由干燥剂吸收。一般油杯中的油一年以后吸收水分的性能已经达到饱和,失去应有功能,应及时更换,如果变压器油杯中的油运行没有达到一年,但油杯中的油垢布满油杯表面,以致看不清油位或者堵塞呼吸器滤口,也应马上更换变压器油,同时清洁油杯。

【任务实施】

1. 要求

更换变压器呼吸器。

2. 实施流程

1)变压器呼吸器的更换准备

准备好作业工具:如图 2-13 所示,安全帽、一袋硅胶、一瓶#25 变压器油、扳手若干、螺丝刀、一罐除锈剂、一个回收装置(胶桶或纸袋)、吸油纸、整洁干燥的毛巾。根据各站变压器运行情况,向调度申请更换本站变压器呼吸器,同时还得向设备运行管理部门办理工作票,履行工作票许可手续后方可开工。

2)进行更换作业

(1)拆除呼吸器油罐。

图 2-13 更换前准备的工作工具

使用除锈剂将呼吸器与油杯连接的固定螺丝处喷匀除锈剂,以便于拆卸螺丝,用螺丝刀逆时针方向扭松固定螺丝,如图 2-14 所示。旋转取下呼吸器油罐,注意应从油罐底部托住油杯,避免其掉落破损,如图 2-15 所示。将油杯的油倒尽,再用吸油纸擦拭油杯,注意将杯壁上的油垢擦干净,如图 2-16 所示。

图 2-14 喷除锈剂

图 2-15 取下油杯

(2)拆除呼吸器。

①使用除锈剂将呼吸器与油枕呼吸导管连接的四个螺丝处生锈的部位喷匀除锈剂,

图 2-16 擦拭油杯

以方便拆卸螺丝。

②松开四个螺丝,取下呼吸器,注意应从油罐底部托住呼吸器,避免其掉落破损,随即用崭新的干燥的毛巾包住呼吸导管,以免空气及杂质直接进入油枕胶囊。

（3）更换呼吸器硅胶。

①将呼吸器内的旧硅胶倒在纸袋或胶桶中,如图 2-17 所示。

②用吸油纸清洁擦拭硅胶罐,特别注意有硅胶卡罐底凹槽处要擦拭干净,如图 2-18 所示。

③将玻璃罩与硅胶罐胶圈紧密衔接安装好。

④将新硅胶缓慢倒入硅胶罐中,倒入过程中留意硅胶是否有其他杂质,若有则将其取出。

图 2-17 倒尽呼吸器内旧硅胶   图 2-18 擦拭硅胶罐

⑤硅胶罐倒满后,用手抚平罐顶面硅胶,将多余的硅胶扫走,如图 2-19、图 2-20 所示。

⑥装上呼吸器硅胶罐,安装时对准四个螺丝位置,同时将玻璃罩对准导管口胶圈,手扶硅胶罐底,先轻拴好四个螺丝,将硅胶罐固定好,再扭紧螺丝。

（4）更换变压器呼吸器油。

①将变压器油缓慢倒入油杯,倒入过程中注意油杯红色警示线,油位达到警示线位置即可,如图 2-21 所示。

②旋转安装呼吸器油杯,旋转到扭紧状态,反方向旋转油杯一圈半或两圈,使呼吸器和油杯不会太紧导致呼吸器和导管闭塞,从而使变压器出现防爆膜破裂、漏油、进水、假油

图 2-19　倒入新硅胶　　　　　　　图 2-20　抚平硅胶罐

位等现象,如图 2-22 所示。

③用螺丝刀扭紧螺丝,固定好呼吸器和油杯,作业完毕并收拾现场。

图 2-21　将变压器油倒入油杯　　　　　图 2-22　安装油杯

3)更换作业后

更换完毕后,检查呼吸器密封胶是否严密,观察轻瓦斯继电器小窗应充满油,主变本体运行 1 h 后,检查轻瓦斯继电器应无气体分隔,最后将作业结果向调度汇报,同时办理工作票结束手续。在恢复运行后的 48 h 内,应密切留意轻瓦斯继电器小窗有无气体,检查新更换的硅胶颜色,硅胶罐内有无油进入,用吸油纸清理干净更换后的呼吸器外部残留油,更换呼吸器下方的鹅卵石,以便检查有无渗油、漏油情况存在。

3. 交流讨论

组织全班同学进行小组交流讨论。

4. 考核

小组考核 + 指导教师考核。

任务四　认识互感器

【工作任务】　认识互感器。

【任务介绍】　在电力行业中,互感器装配工、电气设备检修工、电气值班员必须掌握互感器的原理、结构、接线。通过对互感器的作用、结构、原理、接线的学习,完成对各种类型互感器的认识、操作及检修任务,提高学生的专业技能。

【相关知识】

互感器又称为仪用变压器,是一种特殊的变压器,是电流互感器和电压互感器的统称。电流互感器简称 CT,最新文字符号为 TA,电压互感器简称 PT,最新文字符号为 TV。互感器能将高电压变成低电压、大电流变成小电流,用于测量或保护系统。其功能主要是将高电压或大电流按比例变换成标准低电压(100 V)或标准小电流(5 A 或 1 A,均指额定值),以便实现测量仪表、保护设备及自动控制设备的标准化、小型化。同时互感器还可用来隔离高电压系统,以保证人身和设备安全。

一、电流互感器

电流互感器原理与变压器类似,也是根据电磁感应原理工作,变压器变换的是电压,而电流互感器变换的是电流。绕组 N1 接被测电流,称为一次绕组(或原边绕组、初级绕组);绕组 N2 接测量仪表,称为二次绕组(或副边绕组、次级绕组)。

(一)电流互感器分类

目前,电流互感器的分类按不同情况划分如下:

(1)按用途可分为两类:一是测量电流、功率和电能用的测量用互感器;二是继电保护和自动控制用的保护控制用互感器。

(2)根据一次绕组匝数可分为单匝式和多匝式,如图 2-23 所示。单匝式又分为贯穿型和母线型两种。贯穿型互感器本身装有单根铜管或铜杆作为一次绕组;母线型互感器本身未装一次绕组,而是在铁芯中留出一次绕组穿越的空隙,施工时以母线穿过空隙作为一次绕组。通常油断路器和变压器套管上的装入式电流互感器就是一种专用母线型互感器。

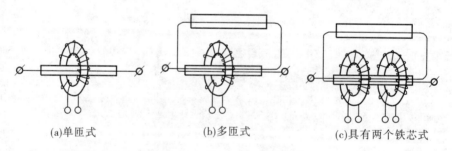

(a)单匝式　　　　　　(b)多匝式　　　　　　(c)具有两个铁芯式

图 2-23　电流互感器的结构原理

(3)根据安装地点可分为户内式和户外式。

(4)根据绝缘方式可分为干式、浇注式、油浸式等。干式用绝缘胶浸渍,适用于作为低压户内的电流互感器;浇注式用环氧树脂作绝缘,浇注成型;油浸式多为户外型。

(5)根据电流互感器的工作原理可分为电磁式、光电式、磁光式、无线电式。

(二)电流互感器的型号规定

目前,国产电流互感器型号编排方法规定如下:

产品型号均以汉语拼音字母表示,字母含义及排列顺序见表 2-1。

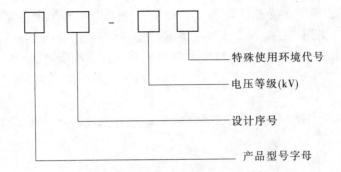

特殊使用环境代号

电压等级(kV)

设计序号

产品型号字母

表2-1 电流互感器型号字母含义

第一个字母		第二个字母		第三个字母		第四个字母		第五个字母	
字母	含义	字母	含义	字母	含义	字母	含义	字母	含义
L	电流互感器	A	穿墙式	C	瓷绝缘	B	保护级	D	差动保护
		B	支持式	G	改进的	D	差动保护		
		C	瓷箱式	J	树脂浇注	J	加大容量		
		D	单匝式	K	塑料外壳	Q	加"强"式		
		F	多匝式	L	电容式绝缘	Z	浇注绝缘		
		J	接地保护	M	母线式				
		M	母线式	P	中频				
		Q	线圈式	S	速饱和				
		R	装入式	W	户外式				
		Y	低压式	Z	浇注绝缘				
		Z	支柱式						

(三)电流互感器的主要参数

1. 额定电流变比

额定电流变比是指一次额定电流与二次额定电流之比(有时简称电流比)。额定电流变比一般用不约分的分数形式表示,如一次额定电流 I_{1e} 和二次额定电流 I_{2e} 分别为 100 A、5 A,则 $KI = I_{1e}/I_{2e} = 100/5$。

所谓额定电流,就是在这个电流下,互感器可以长期运行而不会因发热损坏。当负载电流超过额定电流时,叫作过负载。如果互感器长期过负载运行,会把它的绕组烧坏或缩短绝缘材料的寿命。

2. 准确度等级

由于电流互感器存在一定的误差,因此根据电流互感器允许误差划分互感器的准确度等级。国产电流互感器的准确度等级有 0.01、0.02、0.05、0.1、0.2、0.5、1.0、3.0、5.0、0.2S 级及 0.5S 级。

0.1 级以上电流互感器,主要用于实验室进行精密测量,或者作为标准用来检验低等级的互感器,也可以与标准仪表配合,用来检验仪表,所以也叫作标准电流互感器。用户电能计量装置通常采用0.2级和0.5级电流互感器,对于某些特殊要求(希望电能表在0.05~6 A,即额定电流5 A的1%~120%的某一电流下能作准确测量)可采用0.2S级和0.5S级的电流互感器。

3. 额定容量

电流互感器的额定容量,就是二次额定电流I_{2e}通过二次额定负载Z_{2e}时所消耗的视在功率S_{2e},所以

$$S_{2e} = I_{2e}^2 Z_{2e} \tag{2-10}$$

一般情况下,$I_{2e} = 5$ A,因此$S_{2e} = 5^2 Z_{2e} = 25 Z_{2e}$,额定容量也可以用额定负载阻抗$Z_{2e}$表示。

电流互感器在使用中,二次连接线及仪表电流线圈的总阻抗,不能超过铭牌上规定的额定容量且不低于1/4额定容量时,才能保证它的准确度。制造厂铭牌标定的额定二次负载通常用额定容量表示,其输出标准值有2.5 VA、5 VA、10 VA、15 VA、25 VA、30 VA、50 VA、60 VA、80 VA、100 VA等。

4. 额定电压

电流互感器的额定电压,是指一次绕组长期对地能够承受的最大电压(有效值)。它只是说明电流互感器的绝缘强度,而和电流互感器额定容量没有任何关系。它标在电流互感器型号后面。例如,LFC – 10/100,其中"10"是指额定电压,它以kV为单位。

(四)电流互感器的结构

目前,电力系统中使用的电流互感器一般为电磁式,其基本结构与一般变压器相似,由两个绕制在闭合铁芯上、彼此绝缘的绕组(一次绕组和二次绕组)组成,其匝数分别为N_1和N_2,如图2-24所示。一次绕组与被测电路串联,二次绕组与各种测量仪表或继电器的电流线圈相串联。

电力系统中,经常将大电流I_1变为小电流I_2进行测量,所以二次绕组的匝数N_2大于一次绕组的匝数N_1。电流互感器的二次额定电流一般为5 A,也有1 A和0.5 A。

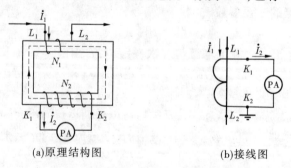

(a)原理结构图　　　　(b)接线图

图2-24　电流互感器原理结构图和接线图

(五)工作原理和特性

电流互感器的工作原理与一般变压器的工作原理基本相同。当一次绕组中有电流$\dot{I}_1$通过时,一次绕组的磁动势$\dot{I}_1 N_1$产生的磁通绝大部分通过铁芯而闭合,从而在二次绕

组中感应出电动势 $\dot{E}_2$。如果二次绕组接有负载,那么二次绕组中就有电流 $\dot{I}_2$ 通过,有电流就有磁动势,所以二次绕组中由磁动势 $\dot{I}_2N_2$ 产生磁通,这个磁通绝大部分也是经过铁芯而闭合。因此,铁芯中的磁通是由一、二次绕组的磁动势共同产生的合成磁通 $\dot{\Phi}$,称为主磁通。根据磁动势平衡原理可以得到

$$\dot{I}_1N_1 + \dot{I}_2N_2 = \dot{I}_{10}N_1 \tag{2-11}$$

式中 $\dot{I}_{10}N_1$ ——励磁磁动势。

如果忽略铁芯中各种损耗,可认为 $\dot{I}_{10}N_1 \approx 0$,则

$$\dot{I}_1N_1 + \dot{I}_2N_2 = 0$$
$$\dot{I}_1N_1 = -\dot{I}_2N_2 \tag{2-12}$$

这是理想电流互感器的一个很重要的关系式,即一次磁动势安匝等于二次磁动势安匝,且相位相反。进一步化简式(2-12),得到

$$K_r = \frac{I_{1e}}{I_{2e}} = \frac{N_2}{N_1} \tag{2-13}$$

即理想电流互感器两侧的额定电流大小和它们的绕组匝数成反比,并且等于常数 K_r,称为电流互感器的额定变比。

电流互感器的基本工作原理、结构形式与普通变压器相似,但是电流互感器的工作状态与普通变压器有显著的区别:

(1)电流互感器的一次电流(I_1)取决于一次电路的电压和阻抗,与电流互感器的二次负载无关,即当二次负载变化时,例如多串几只电流表或少串几只电流表,不能改变其一次电流值的大小。

(2)电流互感器二次电路所消耗的功率随二次电路阻抗的增加而增大,即 $S_2 = I_{2e}^2Z_b$。

(3)电流互感器二次电路的负载阻抗都是些内阻很小的仪表,如电流表以及电能表的电流线圈等,所以其工作状态接近于短路状态。

普通电流互感器的铁芯通常制成芯式,材料是优质硅钢片。为了减小涡流损耗,片与片之间彼此绝缘。

准确度级别高的实验室用电流互感器铁芯是用坡莫合金制成,其截面为环形,这种合金具有较高的起始导磁率以及很小的损耗。

(六)电流互感器的误差特性及补偿方法

前面提出的理想电流互感器实际是不存在的,即励磁安匝 $\dot{I}_{10}N_1$ 不为零,一次磁动势安匝数不等于二次磁动势安匝数,在铁芯和绕组中存在损耗,所以实际电流互感器是存在误差的。

图 2-25 是电流互感器的简化相量图,电流互感器二次绕组的感应电动势 $\dot{E}_2$ 滞后铁芯中磁通 $\dot{\Phi}$ 约90°。忽略二次绕组的漏阻抗压降,认为 $\dot{U}_2 \approx \dot{E}_2$,二次回路负载的功率因数角为 φ_2。

由相量图 2-25 中得到,二次安匝数 $\dot{I}_2N_2$ 旋转180°后($-\dot{I}_2N_2$)与一次安匝数的相量

$\dot{I}_1 N_1$ 相比较,其大小不等,相位也不同,即存在着两种误差,分别称为比值误差和相角误差。

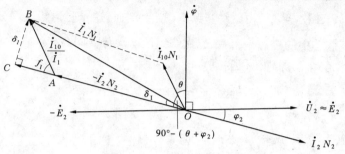

图 2-25　电流互感器的简化相量图

比值误差简称比差,用 f_I 表示。它等于

$$f_I = \frac{I_2 N_2 - I_1 N_1}{I_1 N_1} \times 100\% = \frac{I_2 K_1 - I_1}{I_1} \times 100\% = \frac{K_1 - K_1'}{K_1'} \times 100\% \qquad (2-14)$$

式中　I_1——实际的一次电流;

I_2——实际的二次电流;

K_1'——实际的电流变比;

K_1——额定电流变比。

由式(2-14)可知,实际的二次电流乘以额定变比 K_1 后,如果大于一次电流,比差为正值;反之,则为负值。

相位角误差简称角差。它是旋转 180° 后的二次磁动势安匝数 $-\dot{I}_2 N_2$ 与一次磁动势安匝数 $\dot{I}_1 N_1$ 之间的相位差,用 δ_I 表示,通常用"′"(分)作为计算单位。若 $-\dot{I}_2 N_2$ 超前 $\dot{I}_1 N_1$,角差为正值;若滞后,角差为负值。

从图 2-25 中可求出比差与角差的公式,因为 δ_I 很小,所以认为 $OB = OC = I_1 N_1$,其中

$$AC = I_{10} N_1 \cos[90° - (\theta + \varphi_2)] = I_{10} N_1 \sin(\theta + \varphi_2)$$

因为 $AC = OC - OA = I_1 N_1 - I_2 N_2$,所以

$$f_I = \frac{I_2 N_2 - I_1 N_1}{I_1 N_1} \times 100\% = \frac{-I_{10} N_1 \sin(\theta + \varphi_2)}{I_1 N_1} \times 100\%$$

$$= -\frac{I_{10}}{I_1} \sin(\theta + \varphi_2) \times 100\% \qquad (2-15)$$

式(2-15)中的负号表示 $I_2 N_2$ 小于 $I_1 N_1$,即比差一般情况下为负值;θ 为电流铁芯中的损耗角;φ_2 为电流互感器二次负载的功率因数角。

又因为　　$\sin\delta_I = \dfrac{BC}{I_1 N_1} = \dfrac{I_{10} N_1 \sin[90° - (\theta + \varphi_2)]}{I_1 N_1} = \dfrac{I_{10} N_1 \cos(\theta + \varphi_2)}{I_1 N_1}$

通常 δ_I 很小,可以认为 $\sin\delta_I = \delta_I$,故

$$\delta_I = \frac{I_{10} N_1}{I_1 N_1} \cos(\theta + \varphi_2) \times 3\,438' \qquad (2-16)$$

因为 δ_I 的单位为"′",所以将度化为分的公式是 $\dfrac{180°}{\pi} \times 60' = 3\,438'$ 。

在三角形 ABC 中,若将 AB 以 I_{10}/I_1 取代,则 I_{10}/I_1 的垂直分量相当于角差 δ_1,水平分量相当于比差 f_1。

式(2-15)和式(2-16)表明:电流互感器的比差与角差的大小与励磁电流 I_{10}、负载功率因数 φ_2、损耗角 θ 有关。

互感器误差还受到工作条件的影响:

(1)一次电流的影响。当电流互感器工作在小电流时,由于硅钢片磁化曲线的非线性影响,其初始的磁通密度较低,因而导磁率 μ 小,引起的误差增大。所以,在选择电流互感器容量时,不能选得过大,以避免在小电流下运行。图2-26(a)示出了误差与一次电流(图中以百分数表示)的关系,称为电流特性。

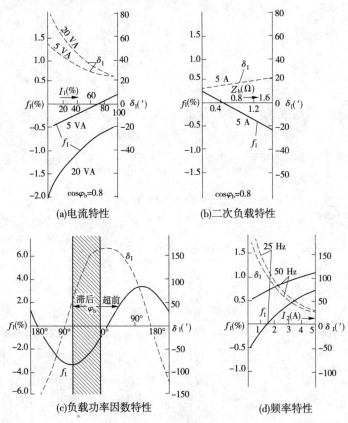

(a)电流特性 (b)二次负载特性

(c)负载功率因数特性 (d)频率特性

图2-26 电流互感器的误差特性

(2)二次负载的影响。二次负载阻抗 Z_b 增加(如多接几只仪表),由于一次电流 I_1 不变(I_1N_1 不变),当 Z_b 增加时(设负载功率因数 $\cos\varphi_2$ 不变),则二次电流 I_2(I_2N_2)减小,根据磁动势平衡方程 $\dot{I}_1N_1 + \dot{I}_2N_2 = \dot{I}_{10}N_1$,则 $\dot{I}_{10}N_1$ 增加,因而比差及角差增大。

当二次负载功率因数角 φ_2 增加时,比差 f_1 增大,见式(2-15),而角差 δ_1 减小,见式(2-16);反之亦然。但此部分比差和角差的变化很小,在实用中对准确度等级低的互感器而言可以忽略不计。

电流互感器误差与负载变化之间的关系如图2-26(b)、(c)所示。

（3）电源频率的影响。式（2-15）和式（2-16）是在频率为 50 Hz 下求得的。频率降低时，将使 φ_2 等减小，影响误差。其相互关系如图 2-26（d）所示。

根据上述情况，电流互感器误差特性变化可归纳于表 2-2 中。

表 2-2 电流互感器误差特性

相对于额定值的变化		比差	角差
电流特性	一次电流减小时	–	+
负载特性	负载减小时	+	–
负载功率因数特性	负载功率因数向滞后变化	–	–
电源频率变化	频率降低时	–	+
剩磁影响	去磁时	+	–

注："–"号表示向负值方向变化；"+"号表示向正值方向变化。

为了减小误差，提高电流互感器测量的准确度，最有效的方法是尽可能地减小励磁电流 I_{10}。I_{10} 的大小取决于铁芯的材质、尺寸、绕组匝数及二次负载的特性和大小。铁芯的导磁率愈高，铁损愈小，则励磁电流愈小。缩短导磁体的长度，并增大它的截面面积，使磁阻减小，也能减小励磁电流。

此外，还经常采取以下三种人工调节误差的方法：

（1）匝数补偿法。改变二次绕组匝数，就可改变电流互感器的电流变比。如将二次绕组匝数减少，使二次电流相应增大，补偿了励磁电流引起的负的比差。这是一种简单而广泛采用的方法，但是这种方法，对角差影响极小，因此常用来补偿比差。

（2）二次绕组并联附加阻抗元件。改变电流互感器的负载，就改变了二次电流 I_2 的大小和相位关系，就可改变电流互感器的误差。

并联附加阻抗的电路如图 2-27（a）所示。阻抗 Z_b 是电流互感器原有的二次负载，并联附加阻抗 Z 后（$Z \geqslant Z_b$），就有附加电流 $\dot{I}_b$。此电流折算到一次后（$\Delta \dot{I}_b$），它在 $-\dot{I}_2$ 相量上的水平投影相当增加一个比差分量 Δf_1，垂直分量相当于角差分量 $\Delta \delta_1$，如图 2-27（b）所示。将它与图 2-25 相比，可以看出：Δf_1 与 f_1 方向相同，也就是比差增大；而 $\Delta \delta_1$ 与 δ_1 方向相反，所以角差减小。

图 2-27（c）是并联电容元件 C 后的相量图。其中，Δf_1 与 $\Delta \delta_1$ 均与图 2-27 中 f_1 与 δ_1 方向相反，使比差与角差都减小，从而达到补偿比差与角差的目的。这是一种常用的补偿方法。图 2-27（d）是并联电感元件，Δf_1 和 $\Delta \delta_1$ 使比差和角差均加大，因而不能采用。

需要指出的是，一般情况下，因为电流互感器误差补偿值都很小，故可近似认为在补偿前后互感器整个铁芯的磁通密度和磁场强度都不变，也就是说原互感器的比差和角差基本不变。这样就可以应用叠加原理求得补偿后的比差和角差，即

$$\begin{cases} f_1' = f_1 + \Delta f_1 \\ \delta_1' = \delta_1 + \Delta \delta_1 \end{cases} \tag{2-17}$$

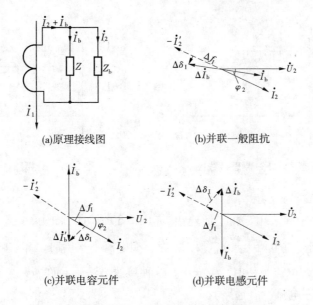

(a)原理接线图　　　　　　　　　(b)并联一般阻抗

(c)并联电容元件　　　　　　　　(d)并联电感元件

图 2-27　电流互感器二次并联附加阻抗

（3）附加磁场法。采用附加磁场方法,是人为地使铁芯磁化到相当于最大导磁率的程度。这时若要产生一定的磁通,励磁安匝数就可以相对地减小,从而使误差降低。

（七）电流互感器的接线方式

1. 两相星形（V 形）连接

由两台电流互感器构成,A 和 C 相所接电流互感器的二次绕组一端接到表计,另一端相互连接后接至 B 相表计或接至 a、c 相表计出线端连接处。两台电流互感器的二次绕组电流分别为 $\dot{I}_a$ 和 $\dot{I}_c$,公共接线中流过的电流为 $\dot{I}_b = -(\dot{I}_a + \dot{I}_c)$,如图 2-28 所示,这种连接方式常用在三相三线电路中。它的优点如下所述:

（1）节省导线。

（2）能利用接线方法取得第三相电流,一般为 B 相电流。

但这种连接方法有其缺点,如下所述:

（1）现场用单相方法校验时,由于实际二次负载与运行时不一致,有时必须要采用三相方法（或其他类似方法）,给校验工作带来一些困难。

（2）由于有可能其中一相极性接反,公共线电流变成差电流,使错误接线概率相对地较多一些。为此,有的地区在电能计量回路中采用分相接法。

2. 分相连接

分相连接就是各相分别连接,如图 2-29 所示。其优点是:

（1）现场校验与实际运行时负载相同。

（2）错误接线概率相对地少些。

缺点是增加了一根导线。

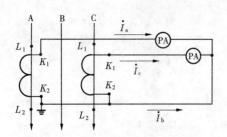

图2-28 两相星形(V形)原理接线图

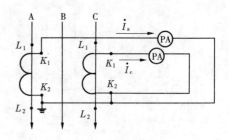

图2-29 分相原理接线图

3.三相星形(Y形)连接

三相四线电路中多采用三相星形连接,如图2-30所示。图中,A、B、C 三相电流互感器的二次绕组分别流过电流 $\dot{I}_a$、$\dot{I}_b$、$\dot{I}_c$。当三相电流不平衡时,公共接线中的电流 $\dot{I}_n = \dot{I}_a + \dot{I}_b + \dot{I}_c$,当三相电流平衡时,$\dot{I}_n = 0$。这种接线方法不允许断开公开接线,否则影响计量精度(因为零序电流没有通路)。

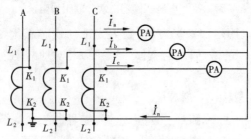

图2-30 三相星形(Y形)原理接线图

(八)电流互感器的正确使用

为了达到安全和准确测量的目的,使用互感器时必须注意以下事项:

(1)运行中的电流互感器二次绕组不许开路。根据磁动势平衡方程 $\dot{I}_1 N_1 + \dot{I}_2 N_2 = \dot{I}_{10} N_1$,二次绕组开路,磁动势 $\dot{I}_2 N_2$ 为零,则 $\dot{I}_1 N_1 = \dot{I}_{10} N_1$,一次电流完全成为励磁电流,致使铁芯磁通 Φ 急剧增加,磁通密度由正常时的 0.06~0.1 T 急剧增加达 1.4~1.8 T,于是感应电动势 $e = -N \dfrac{d\varphi}{dt}$ 很高。此时二次绕组将会出现峰值达数千伏的高电压,危及人身安全,损坏仪表和破坏互感器的绝缘。此外,磁通密度的增大,使铁芯损耗增加,铁芯和绕组将因过热而损坏。

(2)电流互感器绕组应按减极性连接。

(3)电流互感器二次侧应可靠接地,防止一次侧的高压窜入二次侧,但只允许有一个接地点,在就近电流互感器端子箱内,经端子接地。

(九)各种类型的电流互感器

现介绍几种常用的电流互感器。

1.LFC-10型多匝穿墙式电流互感器

如图2-31所示,其一次绕组穿过瓷套管1,并固定在法兰盘2上,两端附有接头盒3,

一次绕组引出端接线板 4 与配电装置母线连接。二次绕组装在封闭的外壳 6 内,二次绕组由接线端子 5 引出。

2. LDC－10 型单匝穿墙式电流互感器

这种系列的电流互感器如图 2-32 所示,一次绕组为贯穿于瓷件中的一根紫铜棒,一次绕组和瓷件贯穿在铁芯中,固定在法兰盘 3 上,二次绕组装在封闭的外壳 4 内,二次绕组由接线端子 5 引出。

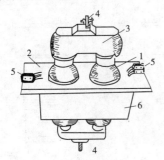

1—瓷套管;2—法兰盘;3—接头盒;
4—接线板;5—二次绕组接线端子;6—外壳

图 2-31 LFC－10 型多匝穿墙式电流互感器

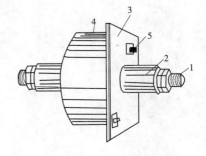

1——次绕组;2—瓷套管;3—法兰盘;
4—外壳;5—二次绕组接线端子

图 2-32 LDC－10 型单匝穿墙式电流互感器

3. LQJ－10 型环氧树脂浇注电流互感器

该型电流互感器如图 2-33 所示,一次绕组和二次绕组由环氧树脂浇注,一次绕组由接线端 1 引出,二次绕组 5 由接线端 3 引出。其主要优点是体积小,质量轻,电气绝缘性能好。目前用于 10 kV 及其以下配电装置。

4. LMC－10 母线型穿墙式电流互感器

它的一次绕组为母线,且穿过瓷套管,瓷套管又贯穿在铁芯中,瓷套管两端有瓷套帽和夹板,用于夹紧母线,如图 2-34 所示。

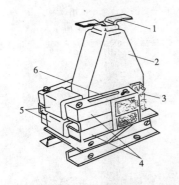

1——次接线端;2——次绕组环氧树脂浇注;
3—二次接线端;4—铁芯;5—二次绕组;
6—警告牌(上写"二次绕组不得开路"等字样)

图 2-33 LQJ－10 型环氧树脂浇注电流互感器

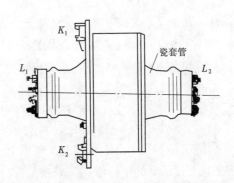

图 2-34 LMC－10 母线型穿墙式电流互感器

5. LB7 – 220 型电流互感器

如图 2-35 所示,LB7 – 220 型电流互感器二次铁芯采用优质进口硅钢片,性能稳定,二次组合形式多样,能充分满足电力系统普通线路、联络线路及用户线路的计量和保护的需要,产品采用全密封结构,有效地防止变压器油和器身受潮,配有多用油阀。取油样、放油、注油三功能集于一身,产品介质损耗低,局部放电量小,主绝缘可靠。目前在 220 kV 及以上的高压电流互感器中得到广泛的应用。

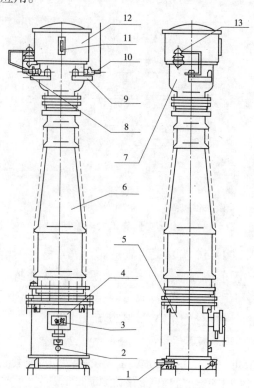

1—油阀;2—接地螺栓;3—铭牌;4—二次接线盒;5—油箱;6—瓷套;7—储油柜;8——次出线端子;9—联接片;
10——次出线端子;11—油位视察窗;12—膨胀器;13—匝间过电压保护器

图 2-35 LB7 – 220 型电流互感器

6. 硅橡胶复合套管 SF_6 气体绝缘电流互感器

如图 2-36 所示,这类互感器采用新型复合套管及绝缘性能极好的 SF_6 气体作为绝缘,不仅性能可靠、维护简单,而且易向更高电压等级发展。

7. 光电式电流互感器

传统的电磁型电流互感器存在以下缺点:

(1)在其铁芯与绕组间,以及一、二次绕组之间有足够耐电强度的绝缘结构,以保证所有的低压设备与高电压相隔离。随着电力系统传输的电力容量的增加,电压等级越来越高,电流互感器的绝缘结构越来越复杂,体积和质量加大,产品的造价也越来越高。例如,常规的油浸式电流互感器,500 kV 产品的价格要比 330 kV 的价格增加一倍。

(2)传统电磁型电流互感器有铁芯,在电力系统发生短路时,高幅值的短路电流使互感器饱和,输出的二次电流严重畸变,造成保护拒动,使电力系统发生严重事故。而且其频率响应特性较差,频带窄,系统高频响应差,而使得新型的基于高频暂态分量的快速保护的实现存在困难。

由于电磁式电流互感器存在以上缺点,已难以满足电力系统进一步发展的需要,因此出现了光电式电流互感器。光电式电流互感器主要有以下优点:

(1)优良的绝缘性能以及便宜的价格。光学电流互感器(以下简称 OCT)采用光纤来传输信息,所以绝缘结构简单,其造价随电压等级升高而增加的幅度小。

图 2-36 硅橡胶复合套管 SF$_6$ 电流互感器

(2)不含铁芯,消除了磁饱和及铁磁谐振等问题。

(3)抗电磁干扰性能好,低压侧无开路高压危险。电磁感应式电流互感器二次回路不能开路,低压侧存在开路危险,由于 OCT 的高压侧与低压侧之间只存在光纤联系,而光纤具有良好的绝缘性能,可保证高压回路与二次回路在电气上完全隔离,低压侧无开路高压危险,免除电磁干扰。

(4)动态范围大,测量精度高,频率响应范围宽。传感头的频率响应取决于光纤在传感头上的渡越时间,实际能测量的频率范围主要决定于电子线路部分。光电式电流互感器已被证明可以测出高压电力线上的谐波,还可以进行电网电流暂态,高配大电流与直流的测量。而电磁感应式电流互感器是难以进行这方面的工作。

(5)体积小、质量轻。光电式电流互感器传感头本身的质量一般小于 1 kg。据美国西屋公司公布的 345 kV 的 MOCT,其高度为 2.7 m,质量为 109 kg(而同电压等级的油浸式电流互感器高为 5.3 m,质量为 2 300 kg),这给运输和安装都带来了很大的方便。

(6)适应了电力计量和保护数字化、微机化和自动化发展的潮流。随着计算机和数字技术的发展,电力计量与继电保护已日益实现自动化、微机化。电磁感应式电流互感器的 5 A 或 1 A 输出规范必须采用光转换技术才能与计算机接口,而光电式电流互感器本身就是利用光电技术的数字化设备,可直接输出给计算机,避免中间环节。

综上所述,光电式电流互感器有着传统电磁式电流互感器无法比拟的优点,它结构简单、灵敏度高,是一种传统电磁式电流互感器的理想替代产品,在电力工业中得到广泛的应用。

二、电压互感器

(一)电压互感器的工作原理与技术特性

电压互感器的构造、原理和接线都与电力变压器相同,差别在于电压互感器的容量小,通常只有几十或几百伏安,二次负荷为仪表和继电器的电压线圈,基本上是恒定高阻抗。其工作状态接近电力变压器的空载运行。

电压互感器的高压绕组,并联在系统一次电路中,二次电压 U_2 与一次电压 U_1 成比例,反映了一次电压的数值。一次额定电压 U_{1N} 多与电网的额定电压相同,二次额定电压 U_{2N} 一般为 100 V、$\dfrac{100}{\sqrt{3}}$ V、$\dfrac{100}{3}$ V。

电压互感器的一、二次绕组额定电压之比,称为电压互感器的额定变比 K_N,则

$$K_N = \frac{U_{1N}}{U_{2N}} \approx \frac{U_1}{U_2} \approx \frac{N_1}{N_2} \tag{2-18}$$

式中 N_1、N_2 ——电压互感器原、副绕组的匝数。

由式(2-18)知,若已知二次电压 U_2 的数值,便能计算出一次电压 U_1 的近似值,为 $U_1 = K_N U_2$。

由于电压互感器的原绕组是并联在一次电路中,与电力变压器一样,二次侧不能短路,否则会产生很大的短路电流,烧毁电压互感器。同样,为了防止高、低压绕组绝缘击穿时,高电压窜入二次回路造成危害,必须将电压互感器的二次绕组、铁芯及外壳接地。

(二)互感器的误差及准确度等级

1. 电压互感器的误差

与电流互感器类似,电压互感器的误差也分为电压误差和角误差。

1)电压误差 Δ_U

电压误差 Δ_U 是二次电压的测量值 U_2 乘以额定变比 K_N(即一次电压的测量值)与一次电压的实际值 U_1 之差,并以一次电压实际值的百分数表示,即

$$\Delta_U = \frac{K_N U_2 - U_1}{U_1} \times 100\% \tag{2-19}$$

2)角误差 δ

角误差 δ 是折算到一次侧的二次电压 U'_2,逆时针方向转 $180°$ 与一次电压 U_1 之间的夹角,并规定当 $-U'_2$ 超前 U_1 时,δ 角为正值;反之,δ 角为负值。

3)影响误差的因素

电压互感器的误差与其工作情况的关系,可由电压互感器根据 **T** 形等值电路所作的向量图加以说明,如图 2-37 所示,其中二次侧各量均折算到一次侧,二次部分各相量省略未画,为了使相量显得清楚,放大了各阻抗压降部分的比例,并画出一条角误差的坐标轴线(−)δ——(+)δ。从图中看出:$O'A$ 为一次电压相量 U_1,是以下三部分电压的相量和:

(1)反方向的二次电压向量,即 $-U'_2$。

(2)励磁电流(空载电流)I_0 在一次

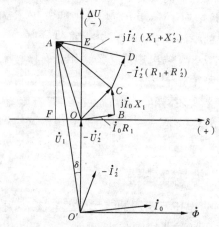

图 2-37 电压互感器的相量图

绕组的漏阻抗上的压降,即 $I_0(R_1 + jX_1)$。

(3)反方向的二次电流向量在原、副绕组漏阻抗的电压降之和,即 $-I'_2[(R_1 + R'_2) + j(X_1 + X'_2)]$。

从相量图中可以看出,影响电压互感器误差的因素有:

(1)原、副绕组的电阻 R_1、R'_2 和漏阻抗 X_1、X'_2。

(2)空载电流 I_0。

(3)二次负载电流的大小 I'_2 及其功率因数 $\cos\varphi_2$。

前两个因素与制造有关,第三因素取决于工作条件,即与二次负载有关。当二次电流增大功率因数 $\cos\varphi_2$ 降低时,误差也就增大。

2. 电压互感器的准确度等级

电压互感器根据误差的不同,划分为不同的准确度等级。我国电压互感器的准确度分为四级,即 0.2 级、0.5 级、1 级、3 级,每种准确度等级的误差限值见表2-3。

表2-3 电压互感器的准确度等级和误差限值

准确度等级	最大容许误差		一次电压和二次负荷
	电压误差	角误差	
0.2	±0.2%	±10′	电压:(0.85 ~ 1.15)×一次额定电压
0.5	±0.5%	±30′	负荷:(0.25 ~1)×互感器额定容量
1	±1%	±40′	功率因数:$\cos\varphi_2 = 0.8$
3	±3%	不规定	

电压互感器的每个准确度等级,都规定有对应的二次负荷的额定容量 S_{2N}(单位为 VA)。当实际的二次负荷超过了规定的额定容量时,电压互感器的准确度等级就要降低。要使电压互感器能在选定的准确度等级下工作,二次所接负荷的总容量 $S_{2\Sigma}$ 必须小于该准确度等级所规定的额定容量 S_{2N}。电压互感器准确等级与对应的额定容量,可从有关电压互感器技术数据中查取。

(三)电压互感器的接线

电压互感器在三相系统中要测量的电压有线电压、相电压、三相对地电压和单相接地时出现的零序电压。为了测量这些电压,电压互感器有各种不同的接线方式,最常见的有以下几种接线,如图 2-38 所示。

图 2-38(a)所示为一台单相电压互感器的接线,可测量 35 kV 及其以下系统的线电压,或 110 kV 以上中性点直接接地系统的对地电压。

图 2-38(b)为两台单相电压互感器的 V—V 形接线,它能测量线电压,但不能测量相电压。这种接线方式广泛用于中性点非直接接地系统。

图 2-38(c)所示是一台三相三柱式电压互感器的 Y—Y₀ 形接线。它只能测量线电压,不能用来测量相对低电压,因一次侧绕组的星形接线中性点不能接地。这是因为在中性点非直接接地系统中发生单相接地时,接地相对低电压为零,未接地相对地电压升高 $\sqrt{3}$ 倍,三相对地电压失去平衡,出现零序电压。在零序电压作用下,电压互感器的三个铁

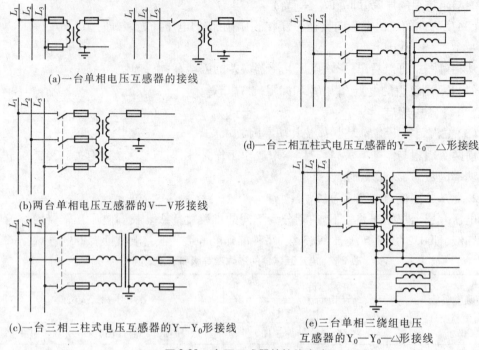

(a)一台单相电压互感器的接线

(b)两台单相电压互感器的V—V形接线

(c)一台三相三柱式电压互感器的Y—Y₀形接线

(d)一台三相五柱式电压互感器的Y—Y₀—△形接线

(e)三台单相三绕组电压
互感器的Y₀—Y₀—△形接线

图 2-38 电压互感器的接线方式

芯柱中将出现零序磁通,三相零序磁通同相位,在三个铁芯柱中不能形成闭合回路,只能通过空气隙和外壳成为回路,使磁路磁阻增大,零序励磁电流也增大,这样可使电压互感器过热,甚至烧坏。为此,三相三柱式电压互感器不引出一次侧绕组的中性点,不能作为交流绝缘监察用。

图 2-38(d)所示是一台三相五柱式电压互感器的 $Y_0—Y_0—\triangle$ 形接线,其一次侧绕组和基本二次绕组接成星形,且中性点接地,辅助二次绕组接成开口三角形。因此,三相五柱式电压互感器可测量线电压和相对地电压,还可作为中性点非直接接地系统中对地的绝缘监察以及实现单相接地的继电保护,这种接线广泛应用于 6～10 kV 屋内配电装置中。

三相五柱式电压互感器的原理图,如图 2-39 所示。铁芯有五个柱,三相绕组绕在中间三个柱上,如图 2-39(a)所示。当系统发生单相接地时,零序磁通 Φ_{uo}、Φ_{vo}、Φ_{wo} 在铁芯中的回路,如图 2-39(b)所示。零序磁通可通过两边芯柱成回路,因此磁阻小,从而零序励磁电流也小。

在中性点非直接接地三相系统中,正常运行时因各相对地电压为相电压,三相电压的相量和为零,所以开口三角形两端子间电压为零。当发生一相接地时,开口三角形两端子间有电压,为各相辅助二次绕组中零序电压之相量和。规定开口三角形两端子间的额定电压为 100 V,因为各相零序电压大小相等、相位相同,故辅助二次绕组的额定电压为 100/3 V。

图 2-38(e)所示为三台单相三绕组电压互感器的 $Y_0—Y_0—\triangle$ 形接线,在中性点非直接接地系统中,采用三只单相 JDZJ 型电压互感器,情况与三相五柱式电压互感器相同,只是在单相接地时,各相零序磁通以各自的电压互感器铁芯成为回路。在 110 kV 及以上中性点直接接地系统中,也广泛采用这种接线,只是一次侧不装熔断器。基本二次绕组可供

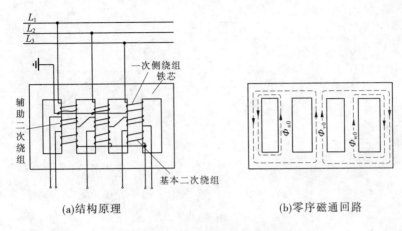

(a)结构原理　　　　　　　　　　(b)零序磁通回路

图2-39　三相五柱式电压互感器的原理图

测量线电压和相对地电压(相电压)。辅助二次绕组接成开口三角形,供单相接地保护用。因为当发生单相接地时,未接地相对地电压并不发生变化,仍为相电压,开口三角形两端子间的电压为非故障相对地电压的相量和。规定开口三角形两端子间的额定电压为100 V,所以各辅助二次绕组的额定电压为100 V。

(四)电压互感器的类型及基本结构

电压互感器种类较多,按绕组数分为双绕组和三绕组两种,三绕组电压互感器除一、二次绕组外还有一组(个)辅助二次绕组,供绝缘监测及零序回路。按相数分为单相式和三相式,额定电压35 kV 及其以上的电压互感器均制造为单相式。按安装地点分为户内式和户外式,35 kV 以下多制成户内式。按绝缘及冷却方式可分为干式、浇注式,油浸式和充气式,干式(浸绝缘胶)结构简单、无着火爆炸危险,但绝缘强度较低,只适用于6 kV以下的户内装置;浇注式结构紧凑、维护方便,适用于3 ~ 35 kV 户内配电装置;油浸式绝缘性能好,可用于10 kV 以上的户内外配电装置;充气式用于 SF_6 全封闭组合电器中。此外,还有电容式电压互感器。

1. JDZJ – 10 型电压互感器

JDZJ – 10 型电压互感器为环氧树脂浇注绝缘,外形结构如图 2-40 所示。这种电压互感器为单相三绕组、环氧树脂浇注绝缘的户内型互感器。可用三个电压互感器组成三个YN/yn/d 接线,供中性点不接地系统的电压、电能测量及接地保护之用,可取代老型号的JSJW 型三相五柱电压互感器。

2. JDJ – 10 型电压互感器

JDJ – 10 型电压互感器为单相油浸式电压互感器,结构如图 2-41 所示。铁芯和线圈装在充满变压器油的油箱内,线圈出线通过固定在箱盖上的套管引出。用于户外配电装置。

3. JSJW – 10 型电压互感器

JSJW – 10 型电压互感器为三相五柱式电压互感器,其外形及铁芯、绕组接线,如图2-42所示。绕组分别绕在中间两个铁芯上,两侧有两个辅助铁芯柱,作为单相接地时的零序磁通通道,使原绕组的零序阻抗增大,从而大大限制了单相接地时通过互感器的零序电流,而不致危害互感器。每个铁芯柱均绕有三个绕组,一次绕组接成星形并引出中

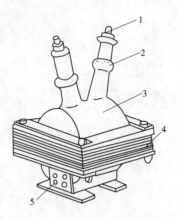

1——一次出线;2——套管;3——主绝缘;
4——铁芯;5——二次出线

图 2-40　JDZJ–10 型电压互感器

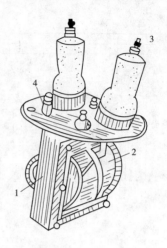

1——铁芯;2——线圈;
3——一次出线;4——二次出线

图 2-41　JDJ–10 型电压互感器

线,因此在油箱盖上有四个高压瓷瓶端子。每相有两个二次绕组,一组为基本绕组,接成星形,中性点也引出,接线端子为 a、b、c、o;另一组为辅助绕组,接成开口三角形,引出两个接线端子 a′、x′。广泛用于小接地电流系统,作为测量相、线电压和绝缘监察之用。

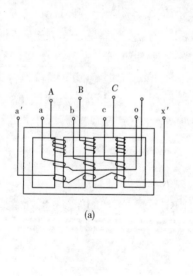

(a)

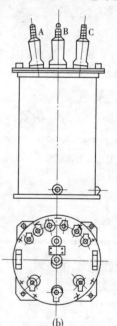

(b)

图 2-42　JSJW–10 型电压互感器

4. JCC–110 型电压互感器

JCC–110 型电压互感器是采用串级式结构,参数相同的原绕组线圈单元分别套在铁芯上下两柱上,串接在相线和地之间,两个线圈单元的连接点与铁芯连接在瓷箱内,铁芯与底座绝缘。瓷箱兼作油箱和出线套管,减轻了质量和体积,如图 2-43 所示。由于每个单元参数相同，电压在各个单元上均匀分布，所以每一级只处在该装置这一部分电压之下。铁芯和线圈采用分级绝缘，因此可大量节约绝缘材料。在中性点直接接地系统中，每个线圈单元上的电压与相电压 U_{Xg} 成正比，最末一个与地连接的线圈单元具有副绕组，因而能成比例地反映系统相电压 U_{Xg} 的变化。当副绕组开路时，由于铁芯中的磁通相等，使电压在各单元线圈上分布均匀，如图 2-44（a）所示，每一线圈单元与铁芯的电位差只有 $\frac{1}{2}U_{Xg}$。但铁芯与外壳之间存在 $\frac{1}{2}U_{Xg}$ 的电位差，所以必须绝缘。由于瓷外壳是绝缘的，且绝缘的最大计算电压不超过 $\frac{1}{2}U_{Xg}$，所以容易做到，而普通结构的互感器，必须按全电压 U_{Xg} 设计绝缘。

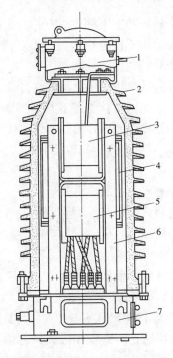

当副绕组接通负荷后，由于副绕组电流产生去磁磁势，产生漏磁通，使上下铁芯柱内的磁通不相等，破坏了电压在各线圈单元的均匀分布，使准确度降低。为了避免这种现象，在两单元的

1—油扩张器；2—瓷外壳；3—上柱绕组；4—铁芯；
5—下柱绕组；6—支撑电木板；7—底座

图 2-43　JCC-110 型电压互感器结构

铁芯上加装绕向和匝数相同的平衡绕组，并作反极性连接，如图 2-44 所示。当两单元铁芯内的磁通不相等时，平衡绕组中将产生环流，如图中箭头所指方向，使上铁芯柱去磁，使下铁芯柱增磁，达到上下铁芯内的磁通基本相等，从而使各线圈单元的电压分布较均匀，提高了准确度。

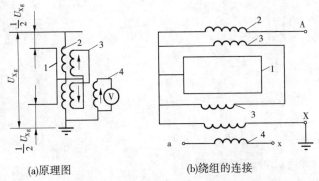

(a)原理图　　　　　　　　(b)绕组的连接

1—铁芯；2—一次绕组；3—平衡绕组；4—二次绕组

图 2-44　110 kV 串级式电压互感器的原理接线图

JCC-110 型电压互感器有两个副绕组，基本二次绕组的电压为 $100/\sqrt{3}$ V；辅助二次绕组的电压为 100 V。这种电压互感器的缺点是准确度较低，其误差随串级元件数目的增加而加大。国产的 JCC 型电压互感器的准确度为 1 级和 3 级。

220 kV 的串级式电压互感器有两个口字形铁芯，由四个线圈单元串联组成，分别绕在两个铁芯的上下柱上,下铁芯装有平衡线圈,在两个铁芯的相邻铁芯柱上,还设有连耦线圈,其作用与平衡线圈相似。

5. 六氟化硫气体绝缘式电压互感器

六氟化硫气体绝缘式电压互感器(见图 2-45),它采用绝缘性能良好的 SF_6 气体作为绝缘,不仅维护简单,具有更高的可靠性,而且更易适合更高的电压等级。

6. 电容式电压互感器

电容式电压互感器(见图 2-46、图 2-47)是由串联电容器抽取电压,再经变压器变压作为表计、继电保护等的电压源的电压互感器,电容式电压互感器还可以将载波频率耦合到输电线,用于长途通信、远方测量、选择性的线路高频保护、遥控、电传打字等。因此,和常规的电磁式电压互感器相比,电容式电压互感器除可防止因电压互感器铁芯饱和引起铁磁谐振外,在经济和安全上还有很多优越之处。

图 2-45　六氟化硫气体互感器结构图

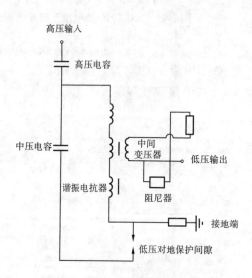

图 2-46　电容式电压互感器原理图

图 2-47　电容式电压互感器

电容式电压互感器主要由电容分压器和中压变压器组成。电容分压器由瓷套和装在其中的若干串联电容器组成,瓷套内充满保持 0.1 MPa 正压的绝缘油,并用钢制波纹管平衡不同环境以保持油压,电容分压可用作耦合电容器连接载波装置。中压变压器由装在密封油箱内的变压器、补偿电抗器和阻尼装置组成,油箱顶部的空间充氮。一次绕组分为主绕组和微调绕组,一次侧和一次绕组间串联一个低损耗电抗器。由于电容式电压互感器的非线性阻抗和固有的电容有时会在电容式电压互感器内引起铁磁谐振,因而用阻尼装置抑制谐振,阻尼装置由电阻和电抗器组成,跨接在二次绕组上,正常情况下阻尼装置有很高的阻抗,当铁磁谐振引起过电压,在中压变压器受到影响前,电抗器已经饱和了,只剩电阻负载,使振荡能量很快被降低。

随着电力系统输电电压的增高,电磁式电压互感器的体积和质量越来越大,成本也随之增加。电容式电压互感器与电磁式电压互感器相比,具有结构简单、体积小、质量轻、占地小和成本低的优点,且电压愈高效果愈显著。电容式电压互感器的运行维护也较方便,且其中的分压电容还可兼作载波通信的耦合电容,因此广泛应用于 100 ~ 500 kV 中性点直接接地系统中。

【任务实施】

1. 要求

认识各种型号的互感器(结构、原理及接线)。

2. 实施流程

(1)选取各种型号的电流互感器和电压互感器。

(2)分小组进行,各小组完成互感器的结构及接线任务。

(3)小组讨论 + 指导教师指导,完成任务。

(4)撰写任务报告。

3. 考核

自评考核 + 指导教师考核。

项目三　高压开关设备的认识及操作

【项目介绍】

通过学习电弧的基本知识,认识并掌握几种高压开关设备。掌握电弧的基本知识,掌握断路器、隔离开关、负荷开关和熔断器的结构及作用,会对断路器、隔离开关、负荷开关和熔断器进行巡视检查。

【学习目标】

1. 掌握电弧的基本知识。

2. 掌握断路器、隔离开关、负荷开关和熔断器的结构及作用。

3. 会对断路器、隔离开关、负荷开关和熔断器进行巡视检查。

任务一　认识电弧

【工作任务】　认识电弧。

【任务介绍】　高压开关电气设备的开、断会产生电弧,因此我们必须去了解并掌握电弧的特性,做到知己知彼,从而确保电力系统的安全稳定运行。在发电厂及变电站中,为分析电气设备的原理及构造和电力系统的安全运行,需要了解电弧的特点、电弧的危害、电弧的产生及电弧的熄灭。

【相关知识】

一、电弧的特点

电弧是一种能量集中、温度很高、亮度很大的气体导电现象。

电弧由阴极区、阳极区和弧柱区三部分组成,如图 3-1 所示。

弧心:温度最高、电流密度最大的弧柱中心部位。

弧焰:弧柱周围温度较低、亮度明显减弱的部分。

电弧温度很高,发出强烈的白光,故称弧光放电为电弧。弧柱区中心可达到 10 000 ℃以上,表面温度也有 3 000 ~ 4 000 ℃。

电弧是一种自持放电,很低的电压就能维持电弧的稳定燃烧而不会熄灭。

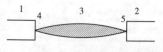

1—动触头;2—静触头;3—弧柱区;
4—阴极区;5—阳极区

图 3-1　直流电弧的组成

游离的气体,质量轻,迅速移动、伸长、弯曲和变形。运动速度可达每秒几百米。

二、电弧的主要危害

(1)电弧的高温可能烧坏电器触头和触头周围的其他部件,对充油设备还可能引起着火甚至爆炸等危险。

(2)在开关电器中,触头间只要有电弧的存在,电路就没有断开,电流仍然存在,电弧的存在延长了开关电器断开故障电路的时间,加重了电力系统短路故障的危害。

(3)容易造成飞弧短路、伤人或引起事故扩大。

三、电弧的产生

电弧的产生实际上是气体介质在某些因素作用下,发生强烈游离,产生很多带电质点,由绝缘变为导通的过程。电弧能成为导电通道,是由于电弧的弧柱内存在大量的带电粒子,这些带电粒子的定向运动形成电弧。

(一)自由电子的产生

阴极的热电子发射或强电场发射:触头开断瞬间产生少量的自由电子的原因。

热电子发射:触头刚分离时,触头间的接触压力和接触面积不断减小,接触电阻迅速增大,使接触处剧烈发热,局部高温使此处电子获得动能,就可能发射出来成为自由电子。

强电场发射:触头刚分离时,由于触头间的间隙很小,在电压作用下间隙形成很高的电场强度,当电场强度超过 3×10^6 V/m 时,阴极触头表面的电子就可能在强电场力的作用下,被拉出金属表面成为自由电子。

(二)碰撞游离形成电弧

碰撞游离:自由电子在电场力作用下加速运动,不断与中性气体质点(原子或分子)撞击,如果电场足够强,自由电子动能足够大,碰撞时就能将中性原子外层轨道上的电子撞击出来,脱离原子核内正电荷吸引力的束缚,成为新的自由电子。失去自由电子的原子则带正电,称为正离子。新的自由电子又去碰撞另外的中性原子,此过程愈演愈烈,发展成为"电子崩"。

当带电粒子积累到一定的数量时,介质的导电性质发生改变,由绝缘体变为导体,在外加电压的作用下,电流通过触头间隙,发出声响和强烈的白光,就形成了电弧。

电场游离主要取决于电子运动速度,即取决于电场强度、电子的平均自由行程以及气体的性质。触头间电压越高,电场强度也越高,则气体容易被击穿。气体的压力越大,越不容易产生电场游离。

(三)热游离维持电弧

热游离:发生雪崩式碰撞游离形成电弧后,产生高温,气体中粒子运动速度增大,使原子外层轨道电子脱离原子核内正电荷束缚力成为自由电子。气体温度愈高,粒子运动速度愈大,原子热游离的可能性也愈快,维持电弧稳定燃烧。

综上所述,由于热电子发射或强电场发射在触头间隙中产生少量的自由电子,这些自由电子与中性分子发生碰撞游离并产生大量的带电粒子,从而形成气体导电,即产生电弧,一旦电弧产生后,将由热游离作用来维持电弧燃烧。电弧的形成过程就是介质向等离子体态的转化过程。

（四）影响游离作用的物理因素

（1）温度越高，热游离越强烈。

（2）压力越大，行程越小，碰撞游离越小。

（3）电压越高越容易将间隙击穿。

（4）开断距离增大则减小间隙中的电场强度。

（5）不同介质游离电场不同，热游离温度不同。

（6）不同金属的蒸汽有不同的游离电压。

四、电弧的熄灭

电弧的熄灭过程实质：气体介质由导通又变为截止的过程，是电弧区域内已电离的质点不断发生去游离的结果。

（一）去游离过程

去游离过程就是使弧隙中正离子和自由电子减少，可以通过复合和扩散使得自由电子减少。

复合——正负电荷中和成为中性质点的现象。

扩散——电弧中的自由电子和正离子散溢到电弧外面，并与周围未被游离的冷介质相混合的现象。

要使电弧熄灭，必须使去游离作用强于游离作用。

（二）影响去游离的物理因素

影响去游离的物理因素包括：①介质的特性；②电弧的温度；③气体介质压力；④游离质点的密度；⑤触头材料。

【任务实施】

1. 要求

眼观、耳听。

2. 实施流程

（1）通过教师播放电弧产生的图片，认识学习电弧的组成。

（2）通过教师放映电弧视频，学习电弧产生、持续及熄灭的过程。

（3）小组讨论＋教师指导，掌握电弧组成和电弧形成过程等知识。

3. 交流讨论

组织全班同学进行小组讨论，形成对熄灭电弧的方法。

4. 考核

小组考核＋指导教师考核。

任务二　高压断路器的认识及巡视检查

【工作任务】 高压断路器的认识及巡视检查。

【任务介绍】 熟悉高压断路器是从事电厂建设、发电、输变电和供配电等环节必须掌握的基本内容,故我们必须对高压断路器的作用、原理、结构、型号及基本操作有一个基本的掌握。

【相关知识】

一、高压断路器的用途和要求

(一)高压断路器的用途

高压断路器是高压电器中最重要的设备,是一次电力系统中控制和保护电路的关键设备。它在电网中的作用有两个方面:一是控制作用;二是保护作用。

(二)高压断路器的基本要求

根据以上所述,断路器在电力系统中承担着非常重要的任务,不仅能接通或断开负荷电流,而且能断开短路电流。因此,断路器必须满足以下基本要求:

(1)工作可靠。

(2)具有足够的开断能力。

(3)具有尽可能短的切断时间。

(4)具有自动重合闸性能。

(5)具有足够的机械强度和良好的稳定性能。

(6)结构简单、价格低廉。

二、高压断路器的分类和特点

(一)高压断路器的分类

高压断路器按安装地点可分为屋内式和屋外式两种。

按所采用的灭弧介质可以分为四种:油断路器、压缩空气断路器、真空断路器、六氟化硫断路器。

(二)高压断路器的特点

1. 结构特点

(1)多油断路器:结构简单,制造方便,便于在套管上加装电流互感器,配套性强。

(2)少油断路器:结构简单,制造方便,可配用各种操动机构。

(3)压缩空气断路器:结构复杂,工艺和材料要求高;需要装设专用的空气压缩系统。

(4)真空断路器:灭弧室材料及工艺要求高;体积小、质量轻;触头不易氧化;灭弧室的机械强度比较差,不能承受较大的冲击振动。

(5)六氟化硫断路器:结构简单,工艺及密封要求严格,对材料要求高;体积小、质量轻;用于封闭式组合电器时,可大量节省占地面积。

2. 技术性能特点

(1)多油断路器:额定电流不易做得很大;开断小电流时,燃弧时间较长;开断速度较慢;现已被市场淘汰。

(2)少油断路器:开断电流大,全开断时间较短。

(3)压缩空气断路器:额定电流和开断电流较大,动作快,全开断时间短;快速自动重合闸时断流容量不降低;无火灾危险。

（4）真空断路器:可连续多次操作,开断性能好;灭弧迅速,开断时间短;开断电流及断口电压不易做得很高,目前只生产 35 kV 及其以下电压等级的产品;开距小;所需操作能量小;开断时产生的电弧能量小;灭弧室的机械寿命和电气寿命都很长。

（5）六氟化硫断路器:额定电流和开断电流都可以做得很大;开断性能好,适合于各种工况开断;SF₆气体灭弧、绝缘性能好,故断口电压可做得较高;断口开距小。

3. 运行维护特点

（1）多油断路器:运行维护简单;噪声低;检修周期短;需配备一套油处理装置。

（2）少油断路器:运行经验丰富,易于维护;噪声低;油质容易劣化;需配油处理装置。

（3）压缩空气断路器:维修周期长;噪声较高;需配气源装置;运行费用高。

（4）真空断路器:运行维护简单,灭弧室不需要检修;噪声低;运行费用低;无火灾和爆炸危险。

（5）六氟化硫断路器:维护工作量小;噪声低;检修周期长;运行稳定,安全可靠,寿命长;可频繁操作。

三、高压断路器的技术参数和型号

（一）高压断路器的技术参数

1. 额定电压（U_N）

额定电压是指断路器长时间运行时能承受的正常工作电压。

2. 最高工作电压

由于电网不同地点的电压可能高出额定电压 10% 左右,故制造厂规定了断路器的最高工作电压。220 kV 及其以下设备,其值为额定电压的 1.15 倍;对于 330 kV 的设备,规定为 1.1 倍。

3. 额定电流（I_N）

额定电流是指铭牌上标明的断路器可长期通过的工作电流。断路器长期通过额定电流时,各部分的发热温度不会超过允许值。额定电流也决定了断路器触头及导电部分的截面面积。

4. 额定开断电流（I_{Nbr}）

额定开断电流是指断路器在额定电压下能正常开断的最大短路电流的有效值。它表征断路器的开断能力。开断电流与电压有关。当电压不等于额定电压时,断路器能可靠切断的最大短路电流有效值,称为该电压下的开断电流。当电压低于额定电压时,开断电流比额定开断电流有所增大。

5. 额定断流容量（S_{Nbr}）

额定断流容量也是表征断路器的开断能力。在三相系统中,它和额定开断电流的关系为 $S_{Nbr} = \sqrt{3}U_N I_{Nbr}$,式中,$U_N$ 为断路器所在电网的额定电压,I_{Nbr} 为断路器的额定开断电流,由于 U_N 不是残压,故额定断流容量不是断路器开断时的实际容量。

6. 关合电流（i_{Ncl}）

关合电流是指保证断路器能关合短路而不致发生触头熔焊或其他损伤所允许接通的最大短路电流。

7. 动稳定电流(i_{es})

动稳定电流是指断路器在合闸位置时,允许通过的短路电流最大峰值。它是断路器的极限通过电流,其大小由导电和绝缘等部分的机械强度决定,也受触头的结构形式的影响。

8. 热稳定电流(i_t)

热稳定电流是指在规定的某一段时间内,允许通过断路器的最大短路电流。热稳定电流表明了断路器承受短路电流热效应的能力。

9. 全开断(分闸)时间(t_{kd})

全开断时间是指断路器接到分闸命令瞬间起到各相电弧完全熄灭为止的时间间隔,它包括断路器固有分闸时间 t_{gf} 和燃弧时间 t_h,即 $t_{kd} = t_{gf} + t_h$。断路器固有分闸时间是指断路器接到分闸命令瞬间到各相触头刚刚分离的时间;燃弧时间是指断路器触头分离瞬间到各相电弧完全熄灭的时间。图 3-2 所示为断路器开断单相电路时的示意图,图中时间 t_b 为继电保护装置动作时间。

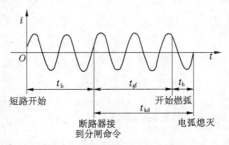

图 3-2　断路器开断时间示意图

全开断时间 t_{kd} 是表征断路器开断过程快慢的主要参数。t_{kd} 越小,越有利于减小短路电流对电气设备的危害、缩小故障范围、保持电力系统的稳定。

10. 合闸时间

合闸时间是指从操动机构接到合闸命令瞬间起到断路器接通为止所需的时间。合闸时间取决于断路器的操动机构及中间传动机构。一般合闸时间大于分闸时间。

11. 操作循环

操作循环也是表征断路器操作性能的指标。我国规定断路器的额定操作循环如下:

(1)自动重合闸操作循环:分 —θ— 合分 —t— 合分。

(2)非自动重合闸操作循环:分 —t— 合分 —t— 合分。

其中　分代表分闸操作;合分代表合闸后立即分闸的动作;θ 代表无电流间隔时间,标准值为 0.3 s 或 0.5 s;t 代表强送电时间,标准时间为 180 s。

(二)高压断路器的型号

断路器型号主要由以下七个单元组成:

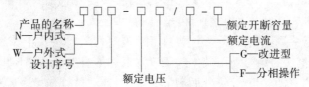

第一单元是产品字母代号：S—少油断路器；D—多油断路器；K—空气断路器；L—六氟化硫断路器；Z—真空断路器；Q—自产气断路器；C—磁吹断路器。

第二单元是装设地点代号：N—户内式；W—户外式。

第三单元是设计序号，以数字表示。

第四单元是额定电压，kV。

第五单元是其他补充工作特性标志：G—改进型；F—分相操作。

第六单元是额定电流，A。

第七单元是额定开断容量，MVA。

例如，型号为 SN10 – 10/3 000 – 750 的断路器，其含义表示为：少油断路器、户内式、设计序号 10，额定电压 10 kV，额定电流 3 000 kA，开断容量 750 MVA。

四、真空断路器

真空断路器利用真空度约为 10^{-4} Pa（运行中不低于 10^{-2} Pa）的高真空作为内绝缘和灭弧介质。当灭弧室内被抽成 10^{-4} Pa 的高真空时，其绝缘强度要比绝缘油、一个大气压力下的 SF_6 和空气的绝缘强度高很多。所以，真空击穿产生电弧，是由触头蒸发出来的金属蒸气帮助形成的。

目前在我国，真空断路器主要应用在 35 kV 及其以下电压等级的配电网中。

（一）真空断路器的基本结构

真空断路器的总体结构除采用真空灭弧室外，还有绝缘支撑、传动机构、操动机构、机座（框架）等部分。导电回路由导电夹、软连接、出线板通过灭弧室两端组成。按真空灭弧室的布置方式可分为落地式和悬挂式两种基本形式，以及这两种方式相结合的综合式和接地箱式。落地式真空断路器是将真空灭弧室安装在上方，用绝缘子支持，操动机构设置在底座的下方，上下两部分由传动机构通过绝缘杆连接起来。真空断路器实物如图 3-3 所示。

（二）真空灭弧室

真空灭弧室是真空断路器中最重要的部件。真空灭弧室的外壳是由绝缘筒、两端的金属盖板和波纹管组成的密封容器。灭弧室内有一对触头，静触头焊接在静导电杆上，动触头焊接在动导电杆上，动导电杆在中部与波纹管的一个断口焊在一起，波纹管的另一端口与动端盖的中孔焊接，动导电杆从中孔穿出外壳。由于波纹管可以在轴向上自由伸缩，故这种结构既能实现在灭弧室外带动动触头做分合运动，又能保证真空外壳的密封性。

（1）外壳。整个外壳通常由绝缘材料和金属组成。对外壳的要求首先是气密封要好；其次是要有一定的机械强度；再就是要有良好的绝缘性能。

（2）波纹管。波纹管既要保证灭弧室完全密封，又要在灭弧室外部操动时使触头做分合运动，允许伸缩量决定了灭弧室所能获得的触头最大开距。

（3）屏蔽罩。触头周围的屏蔽罩主要是用来吸附燃弧时触头上蒸发的金属蒸气，防止绝缘外壳因金属蒸气的污染而引起绝缘强度降低和绝缘破坏，同时，也有利于熄弧后弧隙介质强度的迅速恢复。在波纹管外面用屏蔽罩，可使波纹管免遭金属蒸气的烧损。

（4）触头。触头是真空灭弧室内最为重要的元件，灭弧室的开断能力和电气寿命主要由触头状况来决定。根据触头开断时灭弧基本原理的不同,可分为非磁吹触头和磁吹触头两大类。

非磁吹型圆柱状触头最简单,机械强度好,易加工,但开断电流较小,一般只适用于真空接触器和真空负荷开关中。非磁吹触头断路器实物如图3-4所示。

磁吹触头又分为横向磁吹触头和纵向磁吹触头两类,而横向磁吹触头包括螺旋槽触头和杯状触头两种。

图3-3 真空断路器实物　　　　　　　图3-4 非磁吹触头断路器实物

(三)真空断路器的操作过电压及抑制方法

1. 操作过电压

用真空断路器断开电路时,可能会出现操作过电压,主要形式有:截流过电压,所谓截流就是强制交流电流在自然过零前突然过零的现象,由于电路中存在电感,因此会发生过电压;切断电容性负载时的过电压,这是因熄弧后间隙发生重击穿而引起的。

2. 抑制过电压的方法

操作过电压对其他电气设备尤其是电机绕组绝缘危害很大。常用的抑制方法有:①采用低电涌真空灭弧室;②在负载端并联电容;③在负载端并联电阻和电容;④串联电感;⑤安装避雷器。

五、六氟化硫(SF_6)断路器

(一)SF_6气体的特性介绍

SF_6气体是一种无色、无臭、无毒和不可燃的惰性气体,化学性能稳定,具有优良的灭弧和绝缘性能。这种在静止SF_6气体中的灭弧能力为空气的100倍以上。

SF_6气体灭弧性能特别强的原因主要是:其一,SF_6气体的分子在分解时吸收的能量多,对弧柱的冷却作用强。其二,SF_6气体在高温时分解出的硫、氟原子和正负离子,与其他灭弧介质相比,在同样的弧温时有较大的游离度。其三,SF_6气体分子的负电性强。所谓负电性,是指SF_6气体吸附自由电子而形成负离子的特性。SF_6气体负电性强,加强了去游离,降低导电率。

(二)SF_6断路器的结构类型

SF_6断路器结构按照对地绝缘方式不同可分为:

(1)落地罐式(见图3-5)。把触头和灭弧室装在充有SF₆气体并接地的金属罐中,触头与罐壁间的绝缘采用环氧支柱绝缘子,引出线靠绝缘瓷套管引出。这种结构便于安装电流互感器,抗震性能好,但系列性能差。

(2)瓷柱式(见图3-6)。灭弧室可布置成 T 形或 Y 形,220 kV SF₆ 断路器随着开断电流增大,制成单断口断路器可以布置成单柱式。灭弧室位于高电位,靠支柱绝缘瓷套对地绝缘。

图3-5 落地罐式 SF₆ 断路器

图3-6 瓷柱式 SF₆ 断路器

(三)灭弧室结构及灭弧过程

SF₆ 断路器灭弧室的结构基本上可分为单压式和双压式两种。

(1)单压式(压气式)灭弧室(见图3-7)。只有一个气压系统,即常态时只有单一的SF₆ 气体。灭弧室的可动部分带有压气装置,分闸过程中,压气缸与触头同时运动,将压气室内的气体压缩。触头分离后,电弧即受到高速气流纵吹而将电弧熄灭。单压式灭弧室又分为变开距和定开距两种。

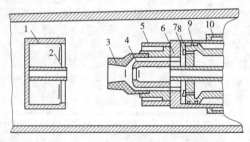

1—主静触头;2—弧静触头;3—喷嘴;4—弧动触头;5—主动触头;
6—压气缸;7—逆止阀;8—压气室;9—固定活塞;10—中间触头

图3-7 单压式(压气式)灭弧室

(2)双压式灭弧室(见图3-8)。有高压和低压两个气压系统。灭弧时,高压室控制阀打开,高压 SF₆ 气体经过喷嘴吹向低压系统,再吹向电弧使其熄灭。灭弧室内正常时充有高压气体的称为常充高压式;仅在灭弧过程中才充有高压气体的称为瞬时充高压式。

单压式结构简单,但开断电流小、行程大、固有分闸时间长,而且操动机构的功率大。近年来,单压式 SF₆ 断路器采用了大功率液压机构和双向吹弧,已被广泛采用,并逐渐取

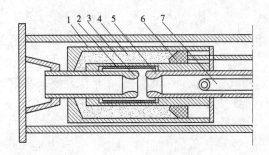

1—压气罩；2—动触头；3、5—静触头；4—压气室；6—固定活塞；7—拉杆

图3-8　双压式灭弧室

代双压式。

六、高压断路器的操动机构

操动机构是带动高压断路器传动机构进行合闸和分闸的机构。

(一)操动机构的分类

根据断路器合闸时所用能量形式的不同,操动机构可分为以下几种:

(1)手动机构(CS型)。指用人力进行合闸的操动机构。

(2)电磁机构(CD型)。指用电磁铁合闸的操动机构。

(3)弹簧机构(CT型)。指事先用人力或电动机使弹簧储能实现合闸的弹簧合闸操动机构。

(4)电动机机构(CJ型)。指用电动机合闸与分闸的操动机构。

(5)液压机构(CY型)。指用高压油推动活塞实现合闸与分闸的操动机构。

(6)气动机构(CQ型)。指用压缩空气推动活塞实现合闸与分闸的操动机构。

(二)操动机构的基本要求

(1)具有足够的操作功率。

(2)具有维持合闸的装置。

(3)具有尽可能快的分闸速度。

(4)具有自由脱扣装置。所谓自由脱扣,是指在断路器合闸过程中如操动机构又接到分闸命令,则操动机构不应继续执行合闸命令而应立即分闸。

(5)具有"防跳跃"功能。

(6)具有自动复位功能。

(7)具备工作可靠、结构简单、体积小、质量轻、操作方便、价格低廉等特点。

七、断路器的巡视检查

(一)断路器在运行中的巡视检查项目

(1)对于SF_6断路器,应定时记录气体压力及温度,及时检查处理漏气现象。当室内的SF_6断路器有气体外泄时要注意通风,工作人员要有防毒保护。

（2）检查断路器的瓷套应清洁，无裂纹、破损和放电痕迹。

（3）真空灭弧室应无异常，真空泡应清晰，屏蔽罩内颜色应无变化。在分闸时，弧光呈蓝色为正常。

（4）断路器导电回路和机构部分的检查：检查导电回路应良好，软铜片连接部分应无断片、断股现象。与断路器连接的接头接触应良好，无过热现象。机构部分检查紧固件应紧固，转动、传动部分应有润滑油，分合闸位置指示器应正确。开口销应完整、开口。

（5）操动机构的检查：操动机构的性能在很大程度上决定了断路器的性能及质量优劣，因此对于断路器来说，操动机构是非常重要的。巡视检查中，必须重视对操动机构的检查。

（二）SF_6断路器的巡视检查项目

（1）套管无脏污，无破损裂痕及闪络放电现象。

（2）连接部分无过热现象。

（3）内部无异声（漏气声、振动声）及异味。

（4）壳体及操作机构完整，不锈蚀；各类配管及其阀门无损伤、锈蚀，开闭位置正确，管道的绝缘法兰与绝缘支持良好。断路器分合位置指示正确，与当时运行情况相符。

（三）故障断路器紧急停用处理

当巡视检查发现以下情形之一时，应立即停用故障断路器进行处理：

（1）套管有严重破损和放电现象。

（2）SF_6断路器气室严重漏气，发出操作闭锁信号。

（3）真空断路器出现真空破坏的咝咝声。

（4）液压机构突然失压到零。

（5）断路器端子与连接线连接处发热严重或熔化时。

【任务实施】

1. 要求

眼观、耳听、鼻嗅。

2. 实施流程

（1）选定要巡视的高压断路器类型。

（2）制订巡视时需检查的内容方案初稿。

（3）小组讨论＋指导教师指导，形成巡视检查方案定稿。

（4）方案实施：在实施过程中，在高压断路器前简述需要巡视的内容并对该断路器进行巡查。

3. 交流讨论

组织全班同学进行小组交流讨论、互评，对巡视过程中的内容和注意事项进一步完善。

4. 考核

小组考核＋指导教师考核。

任务三　高压隔离开关的认识及巡视检查

【工作任务】　高压隔离开关的认识及巡视检查。

【任务介绍】　熟悉高压隔离开关是从事电厂建设、发电、输变电和供配电等环节必须掌握的基本内容,故我们必须对高压隔离开关的作用、原理、结构、型号及操作有一个基本的掌握。

【相关知识】

隔离开关又称隔离刀闸,是一种高压开关电器。使用时应与断路器配合,只有在断路器断开时才能进行操作。

一、隔离开关的作用与要求

在电力系统中,隔离开关的主要作用有:①隔离电源;②倒闸操作;③接通和断开小电流电路。

按照隔离开关所担负的任务,应满足以下要求:

(1)隔离开关应具有明显的断开点,便于确定被检修的设备或线路是否与电网断开。

(2)隔离开关断开点之间应有可靠的绝缘,以保证在恶劣的气候条件下也能可靠工作,并在过电压及相间闪络的情况下,不致从断开点击穿而危及人身安全。

(3)隔离开关应具有足够的热稳定性和动稳定性,尤其不能因电动力的作用而自动断开,否则将引起严重事故。

(4)隔离开关的结构要简单,动作要可靠。

(5)带有接地闸刀的隔离开关必须有连锁机构,以保证先断开隔离开关、再合上接地闸刀,先断开接地闸刀、再合上隔离开关的操作顺序。

(6)隔离开关要装有和断路器之间的连锁机构,以保证正确的操作顺序,杜绝隔离开关带负荷操作的事故发生。

二、隔离开关的技术参数、分类和型号

(一)隔离开关的主要技术参数

(1)额定电压。指隔离开关长期运行时所能承受的工作电压。

(2)最高工作电压。指隔离开关能承受的超过额定电压的最高电压。

(3)额定电流。指隔离开关可以长期通过的工作电流。

(4)热稳定电流。指隔离开关在规定的时间内允许通过的最大电流。

(5)极限通过电流峰值。指隔离开关所能承受的最大瞬时冲击短路电流。

(二)按不同的分类方法分类

(1)按装设地点的不同,可分为户内式和户外式两种。

(2)按绝缘支柱数目,可分为单柱式、双柱式和三柱式三种。

（3）按动触头运动方式，可分为水平旋转式、垂直旋转式、摆动式和插入式等。

（4）按有无接地闸刀，可分为无接地闸刀、一侧有接地闸刀、两侧有接地闸刀三种。

（5）按操动机构的不同，可分为手动式、电动式、气动式和液压式等。

（6）按极数，可分为单极、双极、三极三种。

（7）按安装方式，可分为平装式和套管式等。

（三）隔离开关的型号、规格

隔离开关的型号、规格一般由文字符号和数字按以下方式表示：

$$\boxed{1}\boxed{2}\boxed{3}-\boxed{4}\boxed{5}/\boxed{6}$$

其代表意义如下：

第一单元：产品字母代号，隔离开关用 G。

第二单元：安装场所代号，户内用 N，户外用 W。

第三单元：设计序列顺序号，用数字 1、2、3、…表示。

第四单元：额定电压，kV。

第五单元：其他标志，如 T 表示统一设计，G 表示改进型，D 表示带接地刀闸，K 表示快分型等。

第六单元：额定电流，A。

三、户内式隔离开关

户内式隔离开关采用闸刀形式，有单极和三极两种。闸刀的运动方式为垂直旋转式。其基本结构包括导电回路、传动机构、绝缘部分和底座等。

（一）GN6 型和 GN8 型隔离开关

GN6 型和 GN8 型隔离开关均为三极（三相）式，GN6 型为平装式，采用支柱瓷绝缘子，而 GN8 型为穿墙式，部分或全部采用套管绝缘子。

导电回路主要由闸刀（动触头）、静触头和接线端等组成。这两种隔离开关安装使用方便，既可垂直、水平安装，又可以倾斜甚至在天花板上安装。

（二）GN19 系列隔离开关

GN19-10 型插入式户内高压隔离开关（见图 3-9），三相共底架结构，主要由静触头、基座、支柱绝缘子、拉杆绝缘子、动触头组成。三相平行安装。

其他户内隔离开关如图 3-10 所示。

四、户外隔离开关

户外隔离开关分为单柱式、双柱式、V 形式和三柱式等。

（一）单柱式

单柱式户外隔离开关如图 3-11 所示。

（二）双柱式

双柱式户外隔离开关如图 3-12 所示。

GW4-110 型隔离开关，双柱单断口水平旋转式结构，广泛用于 10～220 kV 配电装

图 3-9　GN19 – 10 型插入式户内高压隔离开关

(a)GN2–35型隔离开关

(b)GN6–10型高压隔离开关

(c)GN22–12型隔离开关

(d)GN27–40型隔离开关

图 3-10　其他户内隔离开关

置中。

（三）V 形式

V 形式户外隔离开关如图 3-13 所示。

它采用双柱式结构,制成单极形式,借助于连杆构成三相连动。每极有两个棒式绝缘子,并组成 V 形装在同一个底座内的两个轴承座上。闸刀做成两段式,各固定在棒式绝缘子的顶端,可动触头成楔形连接。操动机构动作时,两个棒式绝缘子同速反向旋转90°,使隔离开关断开或接通。

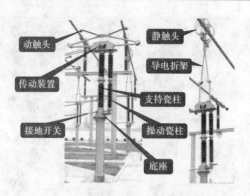

图 3-11　单柱式户外隔离开关

图 3-12　双柱式户外隔离开关

（四）三柱式

三柱式户外隔离开关如图 3-14 所示。

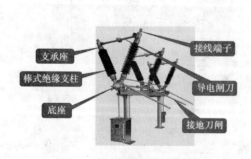

图 3-13　V 形式户外隔离开关

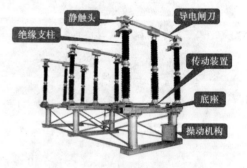

图 3-14　三柱式户外隔离开关

五、隔离开关的正常运行

隔离开关的正常运行状态是指在额定条件下,连续通过额定电流而热稳定、动稳定不被破坏的工作状态。

（一）隔离开关的正常巡视检查项目

隔离开关与断路器不同,它没有专门的灭弧结构,不能用来切断负荷电流和短路电流,使用时一般与断路器配合,只有在断开断路器后,才能进行操作,起隔离电源等作用。但是,隔离开关也要承受负荷电流、短路冲击电流,因而对其要求也是严格的。其巡视检查的项目如下:

(1)隔离开关本体检查:三相触头在合闸时应同期到位,无错位或不同期到位现象。

(2)绝缘子检查:绝缘子应清洁、完整无破损、无裂纹、无电晕放电现象及闪络痕迹。

(3)触头检查:触头应平整光滑,无脏污、锈蚀、变形;动、静触头间应接触良好,无因接触不良而引起过热发红或局部放电现象。

(4)操作机构检查:操作机构各部件应无变形锈蚀和机械损伤,部件之间应连接牢固和无松动、脱落现象。

(5)底座检查:底座法兰应无裂纹,法兰螺栓紧固应无松动。

(6)接地隔离开关检查:接地隔离开关触头接触应良好,接地应牢固可靠,接地体可见部分应完好。

(二)隔离开关异常运行及分析

触头是隔离开关上最重要的部分,在运行中的维护和检查比较复杂。这是因为不论哪一类隔离开关,在运行中它的触头的弹簧或弹簧片都会因锈蚀或过热,使弹力减低;隔离开关在断开后,触头暴露在空气中,容易发生氧化和脏污;隔离开关在操作过程中,电弧会烧坏触头的接触面,加之每个联动部件也会发生磨损或变形,因而影响了接触面的接触;在操作过程中用力不当,还会使接触面位置不正,造成触头压力不足等。上述情况均会造成隔离开关的触头接触不紧密,因而值班人员应把检查三相隔离开关每相触头接触是否紧密作为巡视检查隔离开关的重点。

【任务实施】

1.要求

眼观、耳听、鼻嗅。

2.实施流程

(1)选定要巡视的高压隔离开关类型。

(2)制订巡视时需检查的内容方案初稿。

(3)小组讨论+指导教师指导,形成巡视检查方案定稿。

(4)方案实施:在实施过程中,在高压隔离开关前简述需要巡视的内容并对该断路器进行巡查。

3.交流讨论

组织全班同学进行小组交流讨论、互评,对巡视过程中的内容和注意事项进一步完善。

4.考核

小组考核+指导教师考核。

任务四　高压负荷开关的认识及巡视检查

【工作任务】　高压负荷开关的认识及巡视检查。

【任务介绍】　熟悉高压负荷开关及高压熔断器是从事电厂建设、发电、输变电和供配电等环节必须掌握的基本内容,故我们必须对高压负荷开关的原理、结构、使用知识及操作有一个基本的掌握,同时对高压熔断器的结构、原理及技术参数有一定的理解。

【相关知识】

一、负荷开关概述

(一)开断和关合作用

负荷开关有一定的灭弧能力,可用来开断和关合负荷电流、小于一定倍数(通常为3~4倍)的过载电流;也可以用来开断和关合比隔离开关允许容量更大的空载变压器、更长的空载线路,有时也用来开断和关合大容量的电容器组。

(二)替代作用

负荷开关与限流熔断器串联组合(负荷开关－熔断器组合电器)可以代替断路器使用,即由负荷开关承担开断和关合小于一定倍数的过载电流,而由限流熔断器承担开断较大的过载电流和短路电流。

熔断器可以装在负荷开关的电源侧,也可以装在负荷开关的受电侧。

目前,国内外的环网供电单元和预装式变电站,广泛使用负荷开关＋熔断器的结构形式,用它保护变压器比用断路器更为有效,其切除故障时间更短,不易发生变压器爆炸事故。

(三)负荷开关在结构上应满足的要求

(1)负荷开关在分闸位置时要有明显可见的间隙。

(2)负荷开关要能经受尽可能多的开断次数,而无须检修触头和调换灭弧室装置的组成元件。

(3)负荷开关要能关合短路电流,并承受短路电流的动稳定性和热稳定性的要求(对负荷开关－熔断器组合电器无此要求)。

(4)现代负荷开关有两个明显的特点:一是具有三工位,即合闸—分闸—接地;二是灭弧与载流分开,灭弧系统不承受动热稳定电流,而载流系统不参与灭弧。

二、负荷开关的结构类型

负荷开关按其灭弧方式可分为油负荷开关、磁吹负荷开关、压气式负荷开关、产气式负荷开关、SF_6负荷开关和真空负荷开关。

(一)产气式负荷开关

产气式负荷开关是指利用固体产气材料在电弧作用下产生气体来进行灭弧的负荷开关,它属于自能灭弧方式。在产气式灭弧室中,灭弧材料汽化形成局部高压力,电弧受到强烈吹弧和冷却作用,产生去游离使电弧熄灭。当电流较小时,主要靠产气壁冷却效应或电动力驱使电弧运动,拉长并熄灭电弧。产气式负荷开关的灭弧室有管式和板式两种结构。

(二)压气式负荷开关

压气式负荷开关是指利用活塞和汽缸在开断过程中相对运动将空气压缩,再利用被压缩的空气而熄弧的负荷开关。分类:转动式结构和直动式结构见图3-15、图3-16。

图 3-15　转动式结构的负荷开关　　　　图 3-16　直动式结构的负荷开关

（三）真空负荷开关

真空负荷开关是指利用真空灭弧室作为灭弧装置的负荷开关,开断电流大,适宜于频繁操作(见图 3-17、图 3-18)。

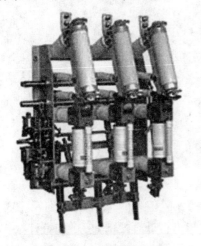

图 3-17　真空负荷开关(一)　　　　图 3-18　真空负荷开关(二)

（四）SF_6 负荷开关

SF_6 负荷开关是指利用 SF_6 气体作为绝缘和灭弧介质的负荷开关。在城网和农网中已大量使用。按照灭弧原理可分为灭弧栅式、吸气＋去离子栅式、永磁旋弧式、压气式等,其中压气式使用较多;按动作特点又分直动式和回转式(见图 3-19 ~ 图 3-21)。

三、负荷开关的使用知识

(1)在负荷开关合闸时,应使辅助刀闸先闭合,主刀闸后闭合;分闸时,应使主刀闸先断开,辅助刀闸后断开。

(2)在负荷开关合闸时,主固定触头应可靠地与主刀片接触;分闸时,三相灭弧刀片应同时跳离固定灭弧触头。

(3)灭弧筒内产生气体的有机绝缘物应完整无裂纹,灭弧触头与灭弧筒的间隙应符合要求。

图 3-19　SF$_6$ 负荷开关(一)　　　　　　图 3-20　SF$_6$ 负荷开关(二)

图 3-21　SF$_6$ 负荷开关(三)

（4）三相触头接触同期性和分闸状态时触头间净距及拉开角度应符合产品的技术规定。刀闸打开的角度,可通过改变操作杆的长度和操作杆在扇形板上的位置来达到。

（5）合闸时,在主刀闸上的小塞子应正好插入灭弧装置的喷嘴内,不应对喷嘴有剧烈碰撞的现象。

四、巡视检查的周期及内容

(一)巡视检查周期

（1）变电站、配电所有人值班的,每班巡视一次;无人值班的,每周至少巡视一次。

（2）特殊情况下(雷雨后、事故后、连接点发热未进行处理之前)应增加特殊巡视检查次数。

(二)高压负荷开关的巡视检查的内容

（1）瓷绝缘应无掉瓷、破碎、裂纹以及闪络放电的痕迹。表面应清洁。

（2）连接点应无腐蚀及过热的现象。

（3）应无异常声响,无异常气味。

（4）动、静触头接触应良好,应无过热现象。

（5）操动机构及传动装置应完整,无断裂,操作杆的卡环及支持点应无松动和脱落的现象。

（6）负荷开关的消弧装置应完整无损。

（7）环网柜中的真空负荷开关的灭弧室应正常,SF$_6$ 负荷开关的气压应正常。

五、熔断器的作用与特点

熔断器是最简单和最早使用的一种保护电器。

熔断器的优点是:结构简单、体积小、布置紧凑、使用方便;动作直接,不需要继电保护和二次回路相配合;价格低。

熔断器的缺点是:每次熔断后须停电更换熔件才能再次使用,增加了停电时间;保护特性不稳定,可靠性低;保护选择性不易配合。

熔断器按电压等级可分为高压熔断器和低压熔断器。

六、高压熔断器的基本结构、工作原理

(一)基本结构

熔断器主要由金属熔件(熔体)、支持熔件的触头、灭弧装置和绝缘底座等组成。其中决定其工作特性主要是熔体和灭弧装置。

熔体是熔断器的主要部件。熔体应具备材料熔点低、导电性能好、不易氧化和易于加工等特点。一般选用铅、铅锡合金、锌、铜、银等金属材料。

铜的导电、导热性能良好,可以制成截面较小的熔体,熔断时产生的金属蒸气少,有利于提高熔断器的切断能力。但铜的熔点高,易损坏触头系统或其他部件。通常采用在熔体的表面上焊上小锡(铅)球的办法,即当熔体温度升高到锡或铅的熔点时,锡或铅熔化并渗入铜熔体内,形成电阻大、熔点低的铜锡(铅)合金。结果在熔体的锡(铅)球处率先熔断,继而产生电弧使铜熔体在电弧的高温下熔化和汽化。

银的熔点为960 ℃,略低于铜的熔点,其导电和导热性能更好,而且不易氧化,但因价格较高只用在高压小电流的熔断器中。

熔断器必须采取措施熄灭熔体熔断时产生的电弧;否则,会引起事故的扩大。熔断器的灭弧措施可分为两类:一类是在熔断器内装有特殊的灭弧介质,如产气纤维管、石英砂等,它利用了吹弧、冷却等灭弧原理;另一类是采用特殊形状的熔体,如上述焊有小锡(铅)球的熔体、变截面的熔体、网孔状的熔体等,其目的在于减小熔体熔断后的金属蒸气量,或者把电弧分成若干串、并联的小电弧,并与石英砂等灭弧介质紧密接触,提高灭弧效果。

(二)工作原理和保护特性

熔断器安装在被保护设备或线路的电源侧。熔体熔化时间的长短,取决于熔体熔点的高低和所通过的电流的大小。熔体材料的熔点越高,熔体熔化就越慢,熔断时间就越长。熔体熔断电流和熔断时间之间呈现反时限特性,即电流越大,熔断时间就越短,其关系曲线称为熔断器的保护特性,也称安秒特性。6~35 kV熔丝安秒特性曲线如图3-22所示。

熔断器的工作全过程由以下三个阶段组成:

(1)正常工作阶段,熔体通过的电流小于其额定电流,熔断器长期可靠地运行,不应发生误熔断现象。

(2)过负荷或短路时,熔体升温并导致熔化、汽化而开断。

(3)熔体熔断汽化时发生电弧,又使熔体加速熔化和汽化,并将电弧拉长,这时高温的金属蒸气向四周喷溅并发出爆炸声。熔体熔断产生电弧的同时,也开始了灭弧过程,直到电弧被熄灭,电路才真正被断开。

按照保护特性选择熔体才能获得熔断器动作的选择性。所谓选择性,是指当电网中有几级熔断器串联使用时,分别保护各电路中的设备,如果某一设备发生过负荷或短路故

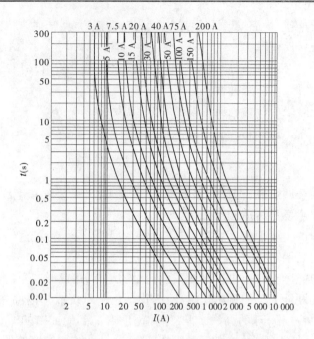

图 3-22　6~35 kV 熔丝安秒特性曲线

障时,应当由保护该设备(离该设备最近)的熔断器熔断,切断电路,即为选择性熔断;如果保护该设备的熔断器不熔断,而由上级熔断器熔断或者断路器跳闸,即为非选择性熔断。发生非选择性熔断时,会扩大停电范围,造成不应有的损失。

七、高压熔断器的分类和技术参数

高压熔断器按使用地点可分为户内式和户外式。按照是否有限流作用又可分为限流式和非限流式。

(一)分类及用途

(1)RN1 型——户内管式,充有石英砂,作为电力线路及设备的短路和过负荷保护使用。

(2)RN2 型——户内管式,充有石英砂,作为电压互感器的短路保护使用。

(3)RN5 型——户内管式,充有石英砂,是 RN1 型的改进型,性能优于 RN1 型,作为电力线路及设备的短路和过负荷保护使用。

(4)RN6 型——户内管式,充有石英砂,是 RN2 型的改进型,性能优于 RN2 型,作为电压互感器的短路保护使用。

(5)RW1 型——户外式,与负荷开关配合可代替断路器。RW1-35Z(或 60Z)型户外自动重合闸熔断器,具有一次自动重合闸功能。

(6)RW3~RW7 型——户外自动跌落式,作为电力输电线路和电力变压器的短路和过负荷保护使用。

(7)RW10-10 型——户外自动跌落式,包括普通型和防污型两种,作为电力输电线路和电力变压器的短路和过负荷保护使用,同时亦可作为分合空载及小负荷电路使用。

（8）RW11 型——户外自动跌落式，作为电力输电线路和电力变压器的短路和过负荷保护使用。

（9）PRWG1 型——户外自动跌落式，作为电力输电线路和电力变压器的短路和过负荷保护使用，同时亦可作为分合空载及小负荷电路使用。

（10）PRWG3 型——户外自动跌落式，作为配电线路和配变压器的短路和过负荷保护及隔离电源使用，负荷型还可作为分合 1.3 倍负荷电流的开关使用。

（11）RXW0 - 35/0.5 型、RW10 - 35/0.5 型——户外高压限流式熔断器，作为电压互感器的短路保护使用。

（12）RXW0 - 35/2 ~ 10 型、RW10 - 35/2 ~ 10 型——户外高压限流式熔断器，作为户外用电负荷的短路和过负荷保护使用。

（二）技术参数

熔断器的主要技术参数有：

（1）熔断器额定电压：既是绝缘所允许的电压等级，又是熔断器允许的灭弧电压等级。

（2）熔断器额定电流：一般环境温度（不超过 40 ℃）下熔断器壳体的载流部分和接触部分允许通过的长期最大工作电流。

（3）熔体的额定电流：熔体允许长期通过而不致发生熔断的最大有效电流。

（4）熔断器的开断电流：熔断器所能正常开断的最大电流。

八、户内式高压熔断器

户内式高压熔断器主要部分为熔管和熔体，熔管内配置有瓷柱，瓷柱上等间距绕有熔体，熔管的两端配置有压帽，其间填充有石英砂。

如图 3-23 所示为 RN5 型熔断器的外形图，这种熔断器主要由熔管、接触座支柱绝缘子和底座组成。熔体管由熔管（瓷管）、端盖、顶盖、陶瓷芯、熔体和石英砂等组成。熔管用滑石陶瓷或高频陶瓷制成，具有较高的机械强度和耐热性能。熔管不仅是灭弧装置的主要组成部分，而且起着支持和保护熔体的作用。端盖用铜制成，熔体通过端盖与接触座接触组成导电回路。顶盖也用铜制成，用来封闭熔管。充入熔管的石英砂形成大量细小的固体介质狭缝狭沟，对电弧起分割、冷却和表面吸附（带电粒子）作用，同时缝隙内骤增的气体压力也对电弧起强烈的去游离作用，所以电弧被迅速熄灭。

九、户外式高压熔断器

（一）RW3 - 22 型跌落式熔断器

跌落式熔断器主要由熔丝具、熔丝管和熔丝元件三部分构成。

户外跌落式熔断器主要是作为电力输电线路和电力变压器的短路和过负荷保护使用，近年来，出现了一些也可作为分合空载及小负荷电路使用的熔断器，如 RW10 - 10 型、PRWG1 型等。

如图 3-24 所示为 RW3 - 10 型跌落式熔断器的结构原理图。上静触头和下静触头分别固定在瓷绝缘子的上下端。鸭嘴罩可绕销轴转动，合闸时，鸭嘴罩里的抵舌（搭钩）卡住上动触头同时施加接触压力。一旦熔体熔断，熔管上端的上动触头就失去了熔体的拉

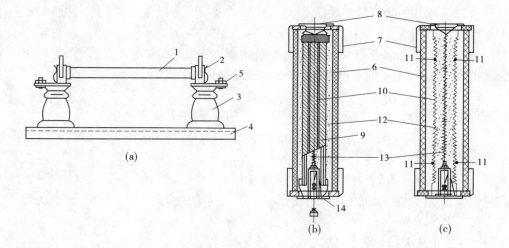

1—熔管(瓷管);2—静触头座;3—支柱绝缘子;4—底座;5—接线座;6—瓷质熔管;7—黄铜端盖;
8—顶盖;9—陶瓷芯;10—熔体;11—小锡球;12—石英砂;13—细钢丝;14—熔断指示器

图 3-23　RN5 型熔断器的外形图

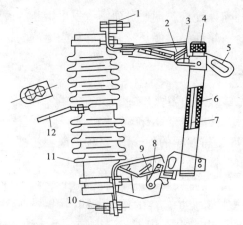

1—上接线端;2—上静触点;3—上动触点;4—管帽;5—操作环;
6—熔管;7—熔丝;8—下动触点;9—下静触点;10—下接线端;
11—绝缘瓷瓶;12—固定安装板

图 3-24　RW3 - 10 型跌落式熔断器的结构原理图

力,在销轴弹簧的作用下,绕销轴向下转动,脱开鸭嘴罩里的抵舌,熔管在自身重力的作用下绕销轴转动而跌落。

熔管由层卷纸板或环氧玻璃钢制成,两端开口,内壁衬以石棉套,既防止电弧烧伤熔管,还具有吸湿性。熔体熔断后,在电弧高温作用下,熔管内壁分解产生的氢气、二氧化碳等向管的两端喷出,对电弧产生纵吹作用,使其在过零时熄灭。

该熔断器由固定板安装在支架上,并保持熔管向外倾斜 20° ~ 30°。分合闸时要用绝缘钩棒操作。

（二）RW10-35 型熔断器

这种熔断器属于高压限流型,具有体积小、质量轻、灭弧性能好、限流能力强、断流容量大等优点。图3-25 为 RW10-35 型熔断器的结构示意图。该熔断器由熔管、瓷套、紧固法兰以及棒形支柱绝缘子等组成。熔管装于瓷套内,熔体放在充满石英砂填料的熔管内,由于灭弧能力强,具有限流作用。

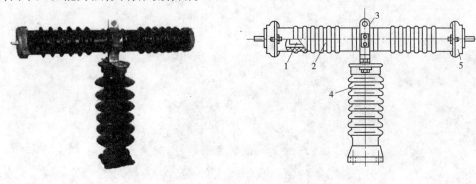

1—熔断体;2—瓷套;3—紧固件;4—支柱绝缘子;5—接线帽

图3-25　RW10-35 型熔断器

【任务实施】

1. 要求

眼观、耳听、鼻嗅。

2. 实施流程

（1）选定要巡视的高压负荷开关及高压熔断器类型。

（2）制订巡视时需检查的内容方案初稿。

（3）小组讨论＋指导教师指导,形成巡视检查方案定稿。

（4）方案实施:在实施过程中,在高压负荷开关和高压熔断器前简述需要巡视的内容并对该设备进行巡查。

3. 交流讨论

组织全班同学进行小组交流讨论、互评,对巡视过程中的内容和注意事项进一步完善。

4. 考核

小组考核＋指导教师考核。

项目四　载流导体及补偿装置

【项目介绍】

　　该项目利用现场图片、视频、变电站仿真系统,学习母线、电缆、绝缘子及补偿装置,项目要求熟悉母线、电力电缆、绝缘子的结构、特点、作用、类别及使用范围,熟悉补偿装置的特点及原理。通过该项目的学习,使学生系统地掌握发电厂变电站电气设备的用途及设备之间的联系。

【学习目标】

　　1. 熟悉母线、电力电缆的结构和特点。

　　2. 掌握母线、电力电缆的作用、类别和使用范围。

　　3. 熟悉绝缘子的用途和类别。

任务一　认识载流导体

【工作任务】　认识载流导体。

【任务介绍】　该任务利用现场图片、视频、变电站仿真系统对母线、电缆、绝缘子及补偿装置进行直观的学习,在学生对母线、电力电缆、绝缘子的结构、特点、作用、类别及使用范围熟悉的基础上,要求学生收集关于母线、电缆、绝缘子的图片,分析其结构、类型及特点,加深对载流导体的熟悉程度。

【相关知识】

一、母线

　　母线是汇集和分配电流的裸导体,也称汇流排。通常指发电机、变压器和配电装置等大电流回路的导体,也泛指用于各种电气设备连接的导线。母线处于配电装置的中心环节,作用十分重要。由于母线在正常运行中通过的功率大,在发生短路故障时承受很大的热效应和电动力效应,因此应合理选择母线材料、截面形状及布置方式,正确地进行安装,以确保母线的安全可靠和经济运行。

　　母线有软、硬之分。软母线一般采用钢芯铝绞线,用悬式绝缘子将其两端拉紧固定。软母线在拉紧时存在适当的弧度,工作时会产生横向摆动,故软母线的线间距离要大,常用于屋外配电装置。硬母线采用矩形、槽形或管形截面的导体,用支柱绝缘子固定,硬母线的相间距离小,广泛用于屋内外配电装置。

（一）母线的结构类型

1. 敞露母线

敞露母线包括软母线和硬母线两大类。按其使用的材料和采用的形状有以下几种类型:

1）按母线的使用材料分类

（1）铜母线。

铜的电阻率很低,机械强度高,防腐性能好,便于接触连接,是优良的导电材料。但在我国铜的储量不多,比较贵重,因此有选择地用于重要的、有大电流接触连接的或含有腐蚀性气体场所的母线装置。

（2）铝母线。

铝的密度只有铜的30%,电导率约为铜的62%。按质量计算,同长度传送相同电流的铝母线的质量只有铜母线的一半。加上铝母线由于截面较大引起散热面积的增大,同长度传送相同电流的铝母线的用量大约只有铜母线的44%。而铝的价格比铜低廉,且储量大,故以铝代铜有很大的经济意义。但铝的机械强度和耐腐蚀性能较低,接触连接性较差,有关铝载流体的技术问题虽都已解决,但在实际应用中仍需给予重视。

（3）钢母线。

钢母线价廉、机械强度好、焊接简便,但电阻率为铜的7倍,且集肤效应严重,若常载工作电流则损耗太大。钢母线常用于电压互感器、避雷器回路引接以及接地网的连接线等。

2）按母线的截面形状分类

（1）矩形截面。

矩形截面母线(见图4-1(a))的散热面积大,集肤效应小,材料利用率高,承受立弯时的抗弯强度好,但周围的电场很不均匀,易产生电晕,故只用于35 kV及其以下、持续工作电流在4 000 A及其以下的屋内配电装置中。矩形截面母线的宽度与厚度具有一定的比例,太宽太薄虽对载流和散热有利,但易变形,并使抗弯强度和刚度降低。对大的载流量可采用数片并装,但散热效果和集肤效应变坏,材料利用率变差。

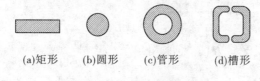

(a)矩形　　(b)圆形　　(c)管形　　(d)槽形

图 4-1　母线的截面类型

（2）圆形截面。

圆形截面母线(见图4-1(b))的曲率半径均匀,无电场集中表现,不易产生电晕,常用在110 kV及其以上的户外配电装置中。但圆形截面母线散热面积小,曲率半径不够大,作为硬母线则抗弯性能差,故采用圆形截面的主要是作为软母线的钢芯铝绞线。

（3）管形截面。

管形截面母线(见图4-1(c))是空心导体,集肤效应小,且电晕放电电压高。管形截面母线的曲率半径大,材料导电利用率、散热、抗弯强度和刚度都较圆形截面好,常用于

220 kV 及其以上屋外配电装置作长跨距硬母线。

(4)槽形截面。

槽形截面母线(见图 4-1(d))的电流分布均匀,与同截面的矩形母线相比,具有集肤效应小、冷却条件好、金属材料利用率高、机械强度高等优点。当母线的工作电流很大、每相需要三条以上的矩形母线才能满足要求时,一般采用槽形截面母线。

2. 封闭母线

1)封闭母线的结构类型

(1)按外壳材料分,可分为塑料外壳和金属外壳。

(2)按外壳与母线间的结构形式分,可分为不隔相式、隔相式和分相式。

①不隔相式封闭母线,其三相母线设在没有相间板的公共外壳内,称为共箱封闭母线。不隔相的封闭母线只能防止绝缘子免受污染和外物所造成的母线短路,而不能消除发生相间短路的可能性,也不能减少相间电动力和钢构的发热。

②隔相式封闭母线,其三相母线设在相间有金属(或绝缘)隔板的金属外壳之内,也属于共箱封闭母线。隔相的封闭母线可较好地防止相间故障,在一定程度上减少母线电动力和周围钢构的发热,但是仍然可能发生因单相接地而烧穿相间隔板造成相间短路的故障,因此可靠性还不是很高,一般共箱封闭母线只用于母线容量较小的情况。

③分相式封闭母线,每相导体分别用单独的铝制圆形外壳封闭。根据金属外壳各段的连接方法,又可分为分段绝缘式和全连式两种。

2)全连式分相式封闭母线的基本结构

全连式分相式封闭母线主要由载流导体、支柱绝缘子、保护外壳、金具、密封隔断装置、伸缩补偿装置、短路板、外壳支持件等构成,如图 4-2 所示。

(1)载流导体。一般用铝制成,采用空心结构以减小集肤效应。当电流很大时,还可采用水内冷圆管母线。

(2)支柱绝缘子。采用多棱边式结构以加长漏电距离,每个支持点可采用一个至四个绝缘子支持。一般分相封闭母线都采用三个绝缘子支持的结构。三个绝缘子支持的结构具有受力好、安装检修方便、可采用轻型绝缘子等优点。

(3)保护外壳。由 5～8 mm 的铝板制成圆管形,在外壳上设置检修与观察孔。

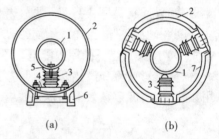

1—载流导体;2—保护外壳;3—支柱绝缘子;
4—弹性板;5—垫圈;6—底座;7—加强圈

图 4-2 封闭母线断面图

封闭母线在一定长度范围内,设置有焊接的伸缩补偿装置,母线导体采用多层薄铝片做成的收缩节与两端母线搭焊连接,外壳采用多层铝制波纹管与两端外壳搭焊连接。

封闭母线与设备连接处适当部位设置螺接伸缩补偿装置,母线导体与设备端子导电接触面皆采用真空离子镀银,其间用带接头的编织线铜辫作为伸缩节,外壳用橡胶伸缩套连接,同时起到密封的作用。

封闭母线靠近发电机端及主变压器接线端和厂用高压变压器接线端,采用大口径绝缘板作为密封隔断装置,并用橡胶圈密封,以保证区内的密封维持微正压运行的需要。

封闭母线除与发电机、主变压器、厂用变压器、电压互感器柜等连接外,设外壳短路板,并装设可靠的接地装置。

3.绝缘母线

绝缘母线是变电站及发电厂厂用变电站内裸母线、电缆的最佳替代品,最适用于紧凑型变电站、地下变电站及地铁用变电站,占地面积少,运行可靠。绝缘母线由导体、环氧树脂渍纸绝缘、地屏、端屏、端部法兰和接线端子构成。

(二)母线的安装和维护

1.母线的加工和制作

(1)硬母线的校直。

(2)母线的下料。

(3)硬母线的弯曲。在硬母线的接头和局部地方,常需要将硬母线制成各种形状,主要有平弯、立弯、扭弯,如图4-3所示。等差弯两侧平行度偏差最大不得超过3 mm。弯曲部分应无裂纹,无明显褶皱。

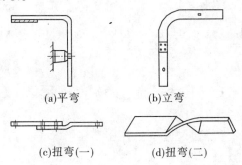

(a)平弯　　　　　　(b)立弯

(c)扭弯(一)　　　　(d)扭弯(二)

图4-3　硬母线的弯曲加工形状

2.母线的布置

母线的散热条件和机械强度与母线的布置方式有关。最为常见的布置方式有两种,即水平布置和垂直布置。水平布置方式如图4-4(a)、(b)所示。垂直布置方式如图4-4(c)所示。

槽形母线布置:槽形母线布置方式与矩形母线类似,槽形母线的每相均由两条组成一个整体,构成所谓的"双槽式",如图4-5所示,整个断面接近正方形。槽形母线均采用竖放式,两条相同母线之间每隔一段距离,用焊接片进行连接,构成一个整体。这种结构形式的母线其机械性能相当强,而且节约金属材料。

软母线的布置:软母线一般为三相水平布置,用绝缘子悬挂。

3.母线的相序排列要求

各回路的相序排列应一致,要特别注意多段母线的连接、母线与变压器的连接相序应正确。当设计无规定时应符合下列规定:

(1)上、下布置的交流母线,由上到下排列为U、V、W相;直流母线正极在上,负极在下。

(2)水平布置的交流母线,由盘后向盘面排列为U、V、W相;直流母线正极在后,负极在前。

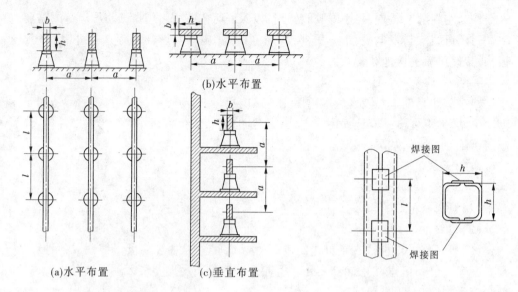

图 4-4　母线的布置方式　　　　图 4-5　槽形母线布置断面

（3）引下线的交流母线,由左到右排列为 U、V、W 相;直流母线正极在左,负极在右。

4.母线的固定

母线固定在支柱绝缘子的端帽或设备接线端子上的方法主要有三种:直接用螺栓固定、用螺栓和盖板固定、用母线固定金具固定。单片母线多采用前两种方法,多片母线应采用后一种方法。

矩形母线和槽形母线都是通过衬垫安置在支柱绝缘子上,并利用金具进行固定,如图 4-6所示。为减小由于铁耗引起的发热,在 1 000 A 以上的装置中,通常母线金具上边的夹板用非磁性材料铝制成,而其他零件采用镀锌铁。

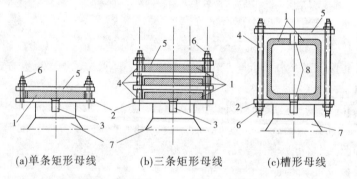

(a)单条矩形母线　　　(b)三条矩形母线　　　(c)槽形母线

1—母线;2—铜板;3—螺钉;4—间隔钢管;5—铁板;6—拧入钢板;7—绝缘子;8—撑杆

图 4-6　铝母线在支柱绝缘子上的固定

5.母线的连接

1)硬母线的连接

当矩形铝母线长度大于 20 m、铜母线或钢母线长度大于 30 m 时,母线间应加装伸缩补偿器,如图 4-7 所示。在伸缩补偿器间的母线端开有长圆孔,供温度变化时自由伸缩,螺栓 8 并不拧紧。

补偿器由厚度 0.2~0.5 mm 的薄片叠成,其数量应与母线的截面相适应,材料与母线相同。当母线厚度小于 8 mm 时,可直接利用母线本身弯曲的办法来解决,如图 4-8 所示。

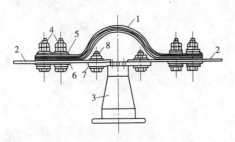

1—补偿器;2—母线;3—支柱绝缘子;
4、8—螺栓;5—垫圈;6—衬垫;7—盖板

图 4-7　母线伸缩补偿器

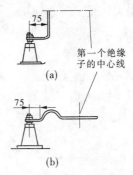

图 4-8　母线硬性连接

2)软母线的连接

软母线采用的连接方式有液压压接、螺栓连接、爆破压接等。软母线在连接时,要使用各种金具,常用金具的作用如下:

(1)设备线夹:用于母线或引下线与电气设备的接线端子连接。

(2)耐张线夹:用于高空主母线的挂设。

(3)T 形线夹:用于主母线引至电气设备的引下线的连接。

(4)母线连接用金具:包括压接管、并沟线夹。

(5)间隔棒:用于双线的连接和平整。

6.母线的着色

硬母线安装后,应进行油漆着色,主要是为了便于识别相序、防锈蚀、增加美观和散热能力。母线油漆颜色应符合以下规定:

(1)三相交流母线:U 相—黄色,V 相—绿色,W 相—红色。

(2)单相交流母线:从三相母线分支来的应与引出相颜色相同。

(3)直流母线:正极—赭色,负极—蓝色。

(4)直流均衡汇流母线及交流中性汇流母线:不接地者—紫色,接地者—紫色带黑色横条。

软母线因受温度影响而伸缩较大以及各股绞线常有相对扭动都会破坏着色层,故不需着色。

二、电力电缆

(一)电力电缆的用途与特点

在电力行业中历来把电力电缆比作人体的"血管",主要用于电力传输、信息传输和实现电磁能量的转换。

电缆的优点突出,由于敷设在地下,不占地面、空间,同一地下电缆通道可以容纳多回线路;在城市道路和大型工厂,用电缆供电,有利于市容、厂容整齐美观;自然气象条件(如雷电、风雨、盐雾、污秽)和周围环境对电缆的影响很小;电缆隐蔽在地下,对人身比较安全,供电可靠性高;电缆线路的运行维护费用比较小。但电缆线路在建设投资费用较高,是架空线的几倍;电缆故障隐蔽,测试较难;电缆损坏后,修复时间较长;电缆不容易分支。

(二)电力电缆的基本结构

电力电缆的基本结构如图4-9所示。

1. 电缆线芯

电缆的线芯是用来传导电流的,通常由多股铜绞线或铝绞线制成。根据导体的芯数,可分为单芯、双芯、三芯和四芯电缆。

2. 绝缘层

绝缘层是用来使各导体之间及导体与包皮之间相互绝缘。绝缘层使用的材料有橡胶、聚乙烯、聚氯乙烯、交联聚乙烯、聚丁烯、棉、麻、丝、绸、纸、矿物油、植物油、气体等。目前在电压等级不高时,多采用木浆纸在油和松香混合剂中浸渍的浸渍纸。

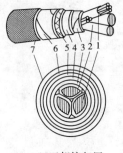

(a)三相统包层   (b)分相铅包层

1—导体;2—相绝缘;3—纸绝缘;4—铅包皮;5—麻衬;
6—钢带铠甲;7—麻被;8—钢丝铠甲;9—填充物

图4-9 电缆结构示意图

3. 保护层

保护层是用来保护导体和绝缘层的,防止外力损伤、水分侵入和绝缘油外流。保护层分内保护层和外保护层。内保护层是由铝、铅或塑料制成的包皮,外保护层由内衬层(浸过沥青的麻布、麻绳)、铠装层(钢带、钢丝铠甲)和外被层(浸过沥青的麻布)组成。

(三)电力电缆的种类及特点

电缆按绝缘材料和结构分类,有油浸纸绝缘电缆、聚氯乙烯绝缘电缆(简称塑力电缆)、交联聚乙烯绝缘电缆(简称交联电缆)、橡胶绝缘电缆、高压充油电缆、SF_6气体绝缘电缆。

1. 油浸纸绝缘电缆

油浸纸绝缘电缆的结构如图4-9所示,其主绝缘是用经过处理的纸浸透电缆油制成,具有绝缘性能好、耐热能力强、承受电压高、使用寿命长等优点,适用于35 kV及其以下的输配电线路。

按绝缘纸浸渍剂的浸渍情况,它又分为黏性浸渍电缆和不滴流电缆。黏性浸渍电缆,是将电缆以松香和矿物油组成的黏性浸渍剂充分浸渍,即普通油浸纸绝缘电缆,其额定电压为1~35 kV;不滴流电缆采用与黏性浸渍电缆完全相同的结构尺寸,但是以不滴流浸渍剂的方法制造,敷设时不受高差限制。油浸纸绝缘铝套电缆将逐步取代铅套电缆,这不仅能节约大量的铅,而且能使电缆的质量减轻。

2. 聚氯乙烯绝缘电缆

聚氯乙烯绝缘电缆的结构如图4-10所示,其主绝缘采用聚氯乙烯,内护套大多也采用聚氯乙烯,具有电气性能好、耐水、耐酸碱盐、防腐蚀、机械强度较好、敷设不受高差限制、可垂直敷设等优点,并可逐步取代常规的纸绝缘电缆;缺点主要是塑料易老化,绝缘强度低,介质损耗大,耐热性能差,并且燃烧时会释放氯气,对人体有害,对设备有严重腐蚀作用。主要用于 6 kV 及其以下电压等级的线路。

3. 交联聚乙烯绝缘电缆

交联聚乙烯绝缘电缆的结构如图 4-11 所示,电缆的主要绝缘材料为交联聚乙烯,交联聚乙烯是利用化学或物理方法,使聚乙烯分子由直链状线型分子结构变为三度空间网状结构。

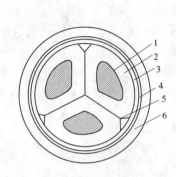

1—线芯;2—聚氯乙烯绝缘;3—聚氯乙烯内护套;
4—铠装层;5—填料;6—聚氯乙烯外护套

图 4-10 聚氯乙烯绝缘电缆

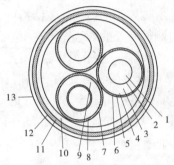

1—线芯;2—线芯屏蔽;3—交联聚乙烯绝缘;
4—绝缘屏蔽;5—保护带;6—铜丝屏蔽;
7—螺旋铜带;8—塑料带;9—中心填芯;
10—填料;11—内护套;12—铠装层;13—外护层

图 4-11 交联聚乙烯绝缘电缆

该型电缆具有结构简单、外径小、质量小、耐热性能好、线芯允许工作温度高(长期 90 ℃,短路时 250 ℃)、比相同截面的油浸纸绝缘电缆允许载流量大、可制成较高电压级、机械性能好、敷设不受高差限制、安装工艺较为简便等优点,因此广泛用于 1～110 kV 线路。其缺点是抗电晕和游离放电性能差。在 35 kV 及其以下电压等级,交联聚乙烯电缆已逐步取代了油浸绝缘电缆。

4. 橡胶绝缘电缆

橡胶绝缘电缆的结构如图 4-12 所示,这种电缆以橡皮为绝缘材料,其柔软性好,弯曲方便,防水及防潮性能好,具有较好的耐寒性能、电气性能、机械性能、化学稳定性,但耐压强度不高,耐热、耐油性能差且绝缘易老化,易受机械损伤。主要用于 35 kV 及其以下电力线路。

5. 高压充油电缆

高压充油电缆在结构上的主要特点是铅套内部有油道。油道由缆芯导线或扁铜线绕制成的螺旋管构成。在单芯电缆中,油道就直接放在线芯的中央;在三芯电缆中,油道则放在芯与芯之间的填充物处。

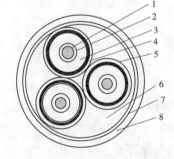

1—线芯;2—线芯屏蔽层;3—橡皮绝缘层;
4—半导电屏蔽层;5—铜带屏蔽层;6—填料;
7—橡皮布带;8—聚氯乙烯外护套

图 4-12 橡胶绝缘电缆

最具有代表性的是额定电压等级为 110～330 kV 的单芯充油电缆。充油电缆的纸绝缘是用黏度很低的变压器油浸渍的,电缆的铅包内部有油道,里面也充满黏度很低的变压器油。在连接盒和终端盒处装有压力油箱,补偿电缆中油体积因温度变化而引起的变动,以保证油道始终充满油,并保持恒定的油压。当电缆温度下降,油的体积收缩,油道中的油不足时,由油箱补充;反之,当电缆温度上升,油的体积膨胀时,油道中多余的油流回油箱内。

6. SF₆气体绝缘电缆

SF₆气体绝缘电缆是以 SF₆ 气体为绝缘的新型电缆,即将单相或三相导体封在充有 SF₆ 气体的金属圆筒中,带电部分与接地的金属圆筒间的绝缘由 SF₆ 气体来承担。

SF₆气体绝缘电缆按外壳结构可分为刚性外壳和绕性外壳。

(1)刚性外壳的 SF₆ 气体绝缘电缆可分为单芯和三芯两种结构,如图 4-13 所示。单芯电缆外壳材料一般采用非磁性铝合金,结构设计成同轴型。三芯电缆外壳采用钢管,三芯结构又可分为三芯均置和三芯偏置两种,均置结构用于输电管路中,外壳尺寸可以缩小;三芯偏置结构用于全封闭组合电器的母线筒中,出线比较方便。电缆导体采用铝管,长度一般为 12 ~ 18 m,相互连接采用插入式结构,每隔一定距离用环氧树脂浇绝缘子支撑,绝缘子间距 3 ~ 6 m。

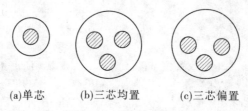

(a)单芯　　(b)三芯均置　　(c)三芯偏置

图 4-13　SF₆气体绝缘电缆结构

(2)绕性外壳的 SF₆ 气体绝缘电缆外壳采用波纹状铝合金管,导体采用波纹状铝管,长度可达 80 m,采用盘形环氧树脂浇绝缘子支撑,间距仅 0.6 m。

所有的 SF₆ 气体绝缘电缆的外壳都在电缆的两端(有可能还应在中间部分)使之接地。对于单芯结构的电缆,每隔一定长度还应把三相的三个外壳连接在一起。

(四)电力电缆的连接附件

电缆连接附件主要有户内或户外电缆终端头和中间接头,统称电缆接头。它们是电缆线路中必不可少的组成部分。

1. 电缆终端头

电缆终端头是安装在电缆线路末端,具有一定绝缘和密封性能,用以将电缆与其他电气设备相连接的电缆附件。终端头起电缆终端绝缘、导体连接、密封和保护的作用。

按使用场所不同,电缆终端头可分为户内终端头、户外终端头、设备终端头、GIS 终端头等;电缆终端头按所用材料不同,可分为热缩型、冷缩型、橡胶预制型、绕包型、瓷套型、浇注(树脂)型等。按外形结构不同,电缆终端头可分为鼎足式、扇形、倒挂式等。

2. 电缆中间接头

电缆中间接头是安装在电缆与电缆之间,用于将一段电缆与另一段电缆连接起来的部件,简称对接头或对接,起连接导体、绝缘和密封保护的作用。

电缆接头除连通导体外,还具有其他功能。按其功能不同,电缆接头可分为普通接头(直线接头)、绝缘接头、塞止接头、分支接头、过渡接头、转换接头、软接头等几种类型;按所用材料不同,电缆接头有热缩型、冷缩型、绕包型(带材绕包与成型纸卷绕包两种)、模塑型、预制件装配型、浇注(树脂)型、注塑型等几种类型。

3.电缆接头的材料类型

橡塑绝缘电缆常用的终端头和接头形式有:

(1)绕包型。是用自黏性橡胶带绕包制作的电缆终端头和接头。

(2)热缩型。是由热收缩管件,如各种热收缩管材料、热收缩分支套、雨裙等和配套用胶在现场加热收缩组合成的电缆终端头和接头。

(3)预制型。是由橡胶模制的一些部件,如应力锥、套管、雨罩等,现场套装在电缆末端构成电缆终端头和接头。

(4)模塑型。是用辐照交联热缩膜绕包后用模具加热使其熔融成整体作为加强绝缘而构成的电缆终端头和接头。

(5)弹性树脂浇注型。是用热塑性弹性体树脂现场成型的电缆终端头和接头。

(五)电力电缆的安装和维护

1.电力电缆的敷设

1)电缆敷设方法

常见的电缆敷设方法有隧道、沟道、排管、直埋及悬挂等形式。

(1)隧道:适用于敷有大量电缆的诸如汽轮机厂房、锅炉厂房、主控制楼到主厂房、开关室及馈线电缆数量较多的配电装置等地区。

(2)沟道:适用于电缆较少而不经常交换的地区、辅助车间及架空出线的配电装置。

(3)排管:一般适用于在与其他建筑物、铁路或公路互相交叉的地带。

(4)直埋:一般适用于汽轮机厂房、输煤栈桥、锅炉厂房的运转层等地方。

目前还有一种形式即电缆桥架敷设,特别适用于架空敷设全塑电缆,具有容积大、外形美、可靠性高、利于工厂生产等特点。

在实际使用时,根据需要,一条电缆线路往往可能采用几种敷设方式。

2)电缆的敷设要求

一般应先敷设电力电缆,再敷设控制电缆,先敷设集中的电缆,再敷设较分散的电缆,先敷设较长一些的电缆,再敷设较短的电缆。对于电力电缆和控制电缆的排列布局,也要特别注意。一般来说,电力电缆和控制电缆应分开排列。同一侧的支架上应尽量将控制电缆放在电力电缆的下面。对于高压冲油电缆,不宜放置过高。电缆敷设的一般工艺要求应做到横看成线、纵看成片,引出方向、弯度、余度相互间距、挂牌位置都一致,并避免交叉压叠,达到整齐美观。

2.电缆的故障测试

电缆线路的故障测试一般包括故障测距和精确定点,电缆故障测试方法是指故障点的初测即故障测距。根据测试仪器和设备的原理,大致分为电桥法和脉冲法两大类,其测试特点如下:

(1)电桥法是利用电桥平衡时对应桥臂电阻的乘积相等,而电缆的长度和电阻成正比的原理进行测试的。

(2)脉冲法是应用脉冲信号进行电缆故障测距的测试方法。它分低压脉冲法、脉冲电压法和脉冲电流法三种。

①低压脉冲法是向故障电缆的导体输入一个脉冲信号,通过观察故障点发射脉冲与反射脉冲的时间差进行测距。

②脉冲电压法是对故障电缆加上直流高压或冲击高电压,使电缆故障点在高压下发生击穿放电,然后通过仪器观察放电电压脉冲在测试端到放电点之间往返一次的时间进行测距。

③脉冲电流法与脉冲电压法相似,区别在于前者通过一线性电流耦合器测量电缆击穿时的电流脉冲信号,使测试接线更简单,电流耦合器输出的脉冲电流波形更容易分辨。

三、绝缘子

(一)绝缘子的作用和分类

绝缘子广泛应用在发电厂和变电站的配电装置、变压器、开关电器及输电线路上,用来支持和固定裸载流导体,并使裸载流导体与地绝缘,或使装置中处于不同电位的载流导体之间绝缘。绝缘子有以下几种。

1. 按额定电压分

绝缘子按其额定电压可分为高压绝缘子(用于 1 000 V 以上的装置中)和低压绝缘子(用于 1 000 V 及其以下的装置中)两种。

2. 按安装地点分

(1)户内式。绝缘子安装在户内,绝缘子表面无伞裙。

(2)户外式。绝缘子安装在户外,绝缘子表面有较多、较大的伞裙,以增长沿面放电距离,并能在雨天阻断水流,使其能在恶劣的气候环境中可靠地工作。

3. 按结构形式分

按结构形式可分为支柱式、套管式及盘形悬式三种。

4. 按用途分

(1)电站绝缘子。主要用来支持和固定发电厂及变电站屋内外配电装置的硬母线,并使母线与大地绝缘。按作用不同分为支柱绝缘子和套管绝缘子。

(2)电器绝缘子。主要用来固定电器的载流部分。也分为支柱绝缘子和套管绝缘子。支柱绝缘子用于固定没有封闭外壳电器的载流部分;套管绝缘子用来使有封闭外壳的电器(如断路器、变压器等)的载流部分引出外壳。

(3)线路绝缘子。主要用来固结架空输配电导线和屋外配电装置的软母线,并使它们与接地部分绝缘。有针式、悬式、蝴蝶式和瓷横担四种。

(二)绝缘子的基本结构

1. 主要结构部件

绝缘子应具有足够的绝缘强度、机械强度、耐热性和防潮性。高压绝缘子主要由绝缘件和金属附件两部分组成。

(1)绝缘件。通常用电工瓷制成,绝缘瓷件的外表面涂有一层棕色或白色的硬质瓷釉,以提高其绝缘、机械和防水性能。电工瓷具有结构紧密均匀、绝缘性能稳定、机械强度高和不吸水等优点。盘形悬式绝缘子的绝缘件也有用钢化玻璃制成的,具有绝缘和机械强度高、尺寸小、质量轻、制造工艺简单及价格低廉等优点。

（2）金属附件。其作用是将绝缘子固定在支架上和将载流导体固定在绝缘子上。金属附件装在绝缘件的两端，两者通常用水泥胶合剂胶合在一起。金属附件皆作镀锌处理，以防其锈蚀；胶合剂的外露表面涂有防潮剂，以防水分侵入。

2. 金属附件与瓷件的胶装方式

（1）外胶装。将铸铁底座和圆形铸铁帽均用水泥胶合剂胶装在瓷件的外表面，铸铁帽上有螺孔，用来固定母线金具，圆形底座的螺孔用来将绝缘子固定在构架或墙壁上。

（2）内胶装。将绝缘子的上下金属配件均胶装在瓷件孔内。

（3）联合胶装。绝缘子的上金属配件采用内胶装结构，而下金属配件则采用外胶装结构。

内胶装方式可减小绝缘子的高度，从而可缩小电器和配电装置的体积。一般质量比外胶装方式轻，但机械强度不如外胶装方式，通常情况下不能承受扭矩。因此，对机械强度要求较高时，应采用外胶装或联合胶装。

（三）电站绝缘子的类型和特点

1. 支柱绝缘子

支柱绝缘子适用于发电厂、变电站配电装置及电器设备中，用作导电部分的绝缘和支持。高压支柱绝缘子可分为户内式和户外式。户内式支柱绝缘子分内胶装、外胶装、联合胶装三个系列；户外式支柱绝缘子分针式和棒式两种。

（1）户内式支柱绝缘子。包括外胶装式支柱绝缘子、内胶装式支柱绝缘子、联合胶装式支柱绝缘子，结构如图4-14所示。

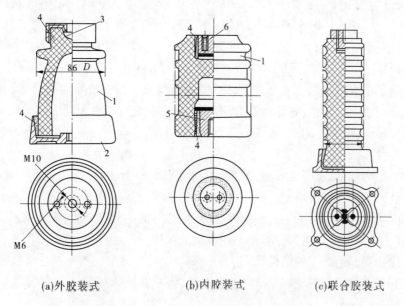

(a)外胶装式　　　　(b)内胶装式　　　　(c)联合胶装式

1—绝缘瓷件；2—铸铁底座；3—铸铁帽；4—水泥胶合剂；5—铸铁配件；6—铸铁配件螺孔

图4-14 户内式支柱绝缘子

（2）户外式支柱绝缘子。户外式支柱绝缘子主要应用在6 kV及其以上屋外配电装置。由于工作环境条件的要求,户外式支柱绝缘子有较大的伞裙,用以增大沿面放电距离,并能阻断水流,保证绝缘子在恶劣的雨、雾气候下可靠地工作。包括针式支柱绝缘子、棒式支柱绝缘子,结构如图 4-15 所示。

2. 盘形悬式绝缘子

悬式绝缘子主要应用在 35 kV 及其以上屋外配电装置和架空线路上。按其帽及脚的连接方式分为球形的和槽形的两种。

悬式绝缘子的结构如图 4-16 所示,由绝缘件(瓷件或钢化玻璃)、铁帽、铁脚组成。

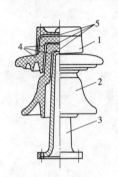
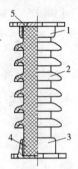

(a)针式支柱绝缘子　(b)实心棒式支柱绝缘子

1—上附件;2—瓷件;3—下附件;4—胶合剂;5—纸垫

图 4-15　户外式支柱绝缘子

1—瓷件;2—镀锌铁帽;
3—铁脚;4、5—水泥胶合剂

图 4-16　悬式绝缘子的结构示意图

在实际应用中,悬式绝缘子根据装置电压的高低组成绝缘子串。每串绝缘子的数目:35 kV 不少于 3 片,110 kV 不少于 7 片,220 kV 不少于 13 片,330 kV 不少于 19 片,500 kV 不少于 24 片。这时,一片绝缘子的铁脚的粗头穿入另一片绝缘子的铁帽内,并用特制的弹簧锁锁住。对于容易受到严重污染的装置,应选用防污悬式绝缘子。

3. 套管绝缘子

套管绝缘子根据结构形式可分为带导体型和母线型两种。带导体型套管,其载流导体与绝缘部分制成一个整体,导体材料有铜和铝,导体截面有矩形和圆形;母线型套管,其本身不带载流导体,安装使用时,将载流母线装于套管的窗口内。按安装地点可分为户内式和户外式两种。

(1)户内式。户内式套管的额定电压为 6~35 kV,采用纯瓷结构。套管一般由瓷套、接地法兰及载流导体三部分组成。

根据载流导体的特征可分为三种形式:采用矩形截面的载流导体、采用圆形截面的载流导体、母线型。前两种套管载流导体与绝缘部分制作成一个整体,使用时由载流导体两端与母线直接相连。绝缘子的结构如图 4-17 所示。

母线型套管本身不带载流导体,安装使用时,将原载流母线装于该套管的矩形窗口内,结构如图 4-18 所示。

(2)户外式。主要用于户内配电装置的载流导体与户外的载流导体进行连接,以及户外电器的载流导体由壳内向壳外引出。因此,户外式套管两端的绝缘分别按户内外两种要求设计,一端为户内式套管安装在户内,另一端为有较多伞裙的户外式套管。户外式

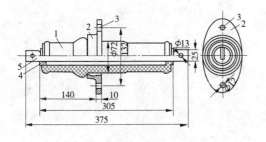 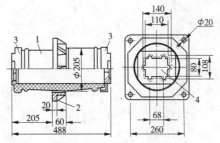

1—空心瓷体；2—椭圆法兰；3—螺孔；
4—矩形孔金属圈；5—矩形截面导体

1—瓷体；2—法兰盘；
3—金属帽；4—矩形窗口

图 4-17　6 kV 户内穿墙套管绝缘子结构　　图 4-18　户内母线式穿墙套管结构

套管的额定电压从 6 ~ 500 kV。结构如图 4-19 所示。

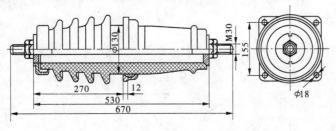

图 4-19　10 kV 户外穿墙套管结构示意图

【任务实施】

1. 要求

分析母线、电缆、绝缘子的结构、特点及使用范围。

2. 实施流程

(1) 分小组收集母线、电缆、绝缘子图片。

(2) 分析母线、电缆、绝缘子的结构、特点及使用范围。

(3) 小组交流讨论 + 教师指导。

3. 考核

阐述收集的图片内容 + 教师提问考核。

任务二　认识补偿装置

【工作任务】　认识补偿装置。

【任务介绍】　该任务主要是了解电力电容器的种类和作用,电力电容器的基本组成、型号,电容器补偿方式、补偿容量的选择,电容器的巡检要求,电抗器的分类和作用,电抗器的结构组成及型号。

【相关知识】

一、电力电容器

任意两块金属导体中间用绝缘介质隔开,即构成一个电容器,而用于电力系统中的电容器称为电力电容器。电力电容器在电力系统中工作时,会提供容性无功功率,而配电系统中的用电负荷如电动机、变压器等,大部分属于感性负荷,运行时要从电网吸收感性无功功率。在电网中安装电容器等无功补偿设备以后,可以减少电源向感性负荷提供、由线路输送的无功功率,可以进一步降低线路和变压器因输送无功功率造成的电能损耗,这就是无功补偿。无功补偿可以提高功率因数,是一项投资少、收效快的降损节能措施。

(一)电力电容器的分类及作用

(1)并联电容器(原称移相电容器)。主要用于补偿电力系统感性负荷的无功功率,以提高功率因数,改善电压质量,降低线路损耗。图4-20为并联电容器结构图。

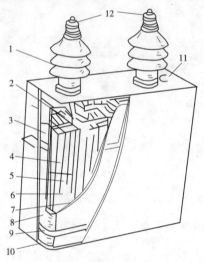

1—出线套管;2—出线连接片;3—连接片;4—芯体;5—出线连接片固定板;
6—组间绝缘;7—包封件;8—夹板;9—紧箍;10—外壳;11—封口盖;12—接线端子

图4-20 并联电容器结构图

(2)串联电容器。串联于工频高压输、配电线路中,用以补偿线路的分布感抗,提高系统的静、动态稳定性,改善线路的电压质量,加长送电距离和增大输送能力。

(3)耦合电容器。主要用于高压电力线路的高频通信、测量、控制、保护以及在抽取电能的装置中作部件用。

(4)断路器电容器(原称均压电容器)。并联在超高压断路器断口上起均压作用,使各断口间的电压在分断过程中和断开时均匀,并可改善断路器的灭弧特性,提高分断能力。

(5)电热电容器。用于频率为 40 ~ 24 000 Hz 的电热设备系统中,以提高功率因数,改善回路的电压或频率等特性。

（6）脉冲电容器。主要起贮能作用，用作冲击电压发生器、冲击电流发生器、断路器试验用振荡回路等基本贮能元件。

（7）直流和滤波电容器。用于高压直流装置和高压整流滤波装置中。

（8）标准电容器。用于工频高压测量介质损耗回路中，作为标准电容或用作测量高压的电容分压装置。

（二）电力电容器的构成

1. 电容元件

电容元件用一定厚度和层数的固体介质与铝箔电极卷制而成，如图4-21所示。若干个电容元件并联和串联起来，组成电容器芯子。固体介质可采用电容器纸、膜纸复合或纯薄膜。在电压为 10 kV 及其以下的高压电容器内，每个电容元件上都串有一熔丝，作为电容器的内部短路保护，如图4-22所示。当某个元件被击穿时，其他完好元件即对其放电，使熔丝在毫秒级的时间内迅速熔断，切除故障元件，从而使电容器能继续正常工作。

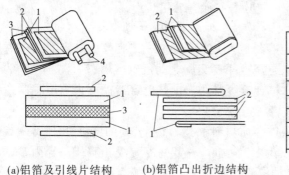

(a)铝箔及引线片结构　　(b)铝箔凸出折边结构

1—薄膜;2—铝箔;3—电容器纸;4—引线片

图4-21　电容元件结构

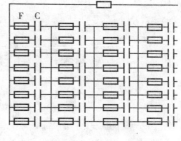

R—放电电阻;F—熔丝;C—元件电容

图4-22　高压并联电容器内部电气连接示意图

2. 浸渍剂

电容器芯子一般放于浸渍剂中，以提高电容元件的介质耐压强度，改善局部放电特性和散热条件。浸渍剂一般有矿物油、氯化联苯和 SF_6 气体等。

3. 外壳、套管

外壳一般采用薄钢板焊接而成，表面涂阻燃漆，壳盖上焊有出线套管，箱壁侧面焊有吊攀、接地螺栓等。大容量集合式电容器的箱盖上还装有油枕或金属膨胀器及压力释放阀，箱壁侧面装有片状散热器、压力式温控装置等。接线端子从出线瓷套管中引出。

目前，我国低压系统中采用自愈式电容器，其外观如图4-23所示。自愈式电容器具有优良的自愈性能，且具有介质损耗小、温升低、寿命长、体积小和质量轻等优点。自愈式电容器采用聚丙烯薄膜作为同体介质，表面蒸镀了一层很薄的金属作为导电电极，其结构如图4-24所示。当作为介质的聚丙烯薄膜被击穿时，击穿电流将穿过击穿点。此时，导电的金属化镀层电流密度急剧增大，致使金属镀层产生高热，使击穿点周围的金属导体迅速蒸发逸散，形成金属镀层空白区，从而使击穿点自动恢复绝缘。

图 4-23　低压自愈式电容器外观

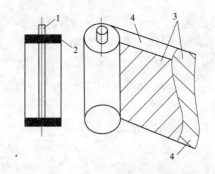

1—心轴;2—喷合金层;3—金属化镀层;4—薄膜

图 4-24　低压自愈式电容器结构

(三)电力电容器型号

电容器的型号由字母和数字两部分组成,具体如下:

$$\boxed{1}\ \boxed{2}-\boxed{3}-\boxed{4}-\boxed{5}\ \boxed{6}$$

$\boxed{1}$由 3~4 位字母组成。

第一位字母是系列代号,表示电容器的用途特征。A—交流滤波电容器;B—并联电容器;C—串联电容器;D—直流滤波电容器;E—交流电动机电容器;F—防护电容器;J—断路器电容器;M—脉冲电容器;O—耦合电容器;R—电热电容器;X—谐振电容器;Y—标准电容器(移相,旧型号);Z—直流电容器。

第二位字母是介质代号,表示液体介质材料种类。Y—矿物油浸纸介质;W—烷基苯浸纸介质;G—硅油浸纸介质;T—偏苯浸纸介质;F—芳基乙烷浸介质;B—异丙基联苯浸介质;Z—植物油浸渍介质;C—篦麻油浸渍介质。

第三位字母也是介质代号,表示固体介质材料种类。F—纸、薄膜复合介质;M—全聚丙烯薄膜;无标记—全电容器纸。

第四位字母表示极板特性。J—金属化极板。

$\boxed{2}$为额定电压,kV。

$\boxed{3}$为额定容量,kvar。

$\boxed{4}$为相数,1—单相,3—三相。

$\boxed{5}$为使用场所,W—户外式,不标记—户内式。

$\boxed{6}$为尾注号,表示补充特性。B—可调式;G—高原地区用;TH—湿热地区用;H—污秽地区用;R—内有熔丝。

(四)电力电容器的无功补偿

采用电力电容器作为无功补偿装置时,无功补偿容量的配置应按照"全面规划、合理布局、分级补偿、就地平衡"的原则进行。考虑无功补偿效益时,降损与调压相结合,以降损为主;容量配置上,采取集中补偿与分散补偿相结合,以分散补偿为主。

补偿方式按安装地点不同可分为集中补偿和分散补偿(包括分组补偿和个别补偿);按投切方式不同分为固定补偿和自动补偿。

(1)集中补偿,是将电容器安装在专用变压器或配电室低压母线上,能方便地同电容器组的自动投切装置配套使用。电容器集中补偿的接线如图 4-25 所示。

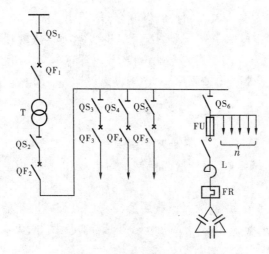

图 4-25 电容器集中补偿的接线

（2）分组补偿，是将电容器组按低压电网的无功分布分组装设在相应的母线上，或者直接与低压干线相连。采用分组补偿时，补偿的无功不再通过主干线以上线路输送，从而降低配电变压器和主干线路上的无功损耗，因此分组补偿比集中补偿降损节电效益显著。

（3）个别补偿（单台电动机补偿），是将电容器组直接装设在用电设备旁边，随用电设备同时投切。采用个别补偿时，用电设备消耗的无功得到就地补偿，从而使装设点以上输配电线路输送的无功功率减少，能获得明显的降损效益。电容器单机补偿的接线如图 4-26 所示。

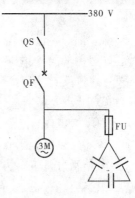

图 4-26 电容器单机补偿的接线

（五）电力电容器的使用知识

1. 电力电容器的安装

（1）电容器的安装环境，应符合产品的规定条件。

（2）室内安装的电容器（组），应有良好的通风条件，使电容器由于热损耗产生的热量能以对流和辐射方式散发出来。

（3）室外安装的电容器（组），其安装位置应尽量减少电容器受阳光照射的面积。

（4）当采用中性点绝缘的星形连接时，相间电容器的电容差不应超过三相平均电容值的 5%。

（5）集中补偿的电容器组，宜安装在电容器柜内分层布置，下层电容器的底部对地距离不应小于 300 mm，上层电容器连线对柜顶不应小于 200 mm，电容器外壳之间的净距不宜小于 100 mm（成套电容器装置除外）。

（6）电容器的额定电压与低压电力网的额定电压相同时，应将电容器的外壳和支架接地。当电容器的额定电压低于电力网的额定电压时，应将每相电容器的支架绝缘，且绝缘等级应和电力网的额定电压相匹配。

2. 电容器组的运行维护

（1）电容器组投运后，其电流超过额定电流的 1.3 倍，或其端电压超过额定电压 1.1

倍或电容器室环境温度超过 ±40 ℃时,应将电容器组退出运行。

(2)电容器组运行中发生下列异常情况之一时,应立即将电容器组退出运行:①连接点严重过热、熔化;②电容器内部有异常响声;③放电器有异常响声;④瓷套管严重放电或闪络;⑤电容器外壳有异常变形或膨胀;⑥电容器熔丝熔断;⑦电容器喷油或起火;⑧电容器爆炸。

3. 电容器组的巡视检查

(1)新装电容器组投入运行前应经过交接试验,并达到合格;布置合理,各部分连接牢靠,接地符合要求;接线正确,电压应与电网额定电压相符;放电装置符合规程要求,并经试验合格;电容器组的控制、保护和监视回路均应完善,温度计齐全,并试验合格,整定值正确;与电容器组连接的电缆、断路器和熔断器等电气设备应试验合格;三相间的容量保持平衡,误差值不应超过一相总容量的5%;外观检查应良好,无渗漏油现象;电容器室的建筑结构和通风措施均应符合规程要求。

(2)对运行中的电容器组应检查:电容器外壳有无膨胀、漏油痕迹;有无异常声响和火花;熔断器是否正常;放电指示灯是否熄灭;记录有关电压表、电流表和温度表的读数。如发现箱壳明显膨胀,应停止使用或更换电容器,以免发生故障。外壳渗油不严重可将外壳渗漏处除锈、焊接和涂漆,渗漏严重的必须更换。严重异常时应立即退出运行,更换电容器。

(3)必要时可以短时停电并检查:各螺栓接点的松紧和接触情况;放电回路是否完好;风道有无积尘,清扫电容器的外壳、绝缘子和支架等处的灰尘;检查外壳的保护接地线是否完好;继电保护、熔断器等保护装置是否完整可靠,断路器、馈电线等是否良好。

(4)运行中的巡视检查一般有日常巡视检查、定期停电检查和特殊巡视检查。

日常巡视检查内容有:

①电容器外壳有无膨胀、渗漏油痕迹,有无异常的声响或火花放电痕迹。

②放电指示灯是否有熄灭等异常现象。

③单只熔丝是否正常,有无熔断现象。

④原有缺陷发展情况如何。

定期停电检查应结合设备清扫、维护一起进行,一般每季度检查一次。检查内容主要有:

①电容器外壳有无膨胀或渗漏油现象。

②绝缘件表面等处有无放电痕迹。

③各螺栓连接点松紧如何及接触是否良好。

④电容器外壳及柜体(构架)的保护接地线是否完好。

⑤放电器回路是否完整良好。

⑥单个熔体是否完好,有无熔断。

⑦继电保护装置情况如何及有无动作过。

⑧电容器组的控制、指示等设备是否完好。

⑨电容器室的房屋建筑、电缆沟、通风设施等是否完好,有无渗漏水、积水、积尘等。

⑩清除电容器、绝缘子、构架等处的积尘等。

特殊巡视检查是指当电容器组发生熔丝熔断、短路、保护动作跳闸等情况时,应立即进行巡视检查。检查项目除上述各项外,必要时应对电容器组进行试验,如查不出故障原因,则不能将电容器组投入运行。

4. 电容器组的投入和退出

当变电站进行全部停电的操作时,应先拉开电容器组开关,后拉开各路出线开关;当变电站全部恢复送电时,应先合上各路出线开关,后合上电容器组开关。

(1)电容器组的投入和退出应根据系统无功负荷潮流、负荷功率因数以及电压情况来决定,电压偏低时可投入电容器组,新投入运行的电容器组第一次充电时,应在额定电压下冲击合闸三次。

(2)停电时,除电容器组自动放电外,还应进行人工充分放电,否则不得触及电容器。

(3)在电容器组自网络断开后不得立即重新接入,其间隔时间不应少于 5 min,若要立即接入,应使其端子上的电压不高于额定电压的 10%,若放电线圈放电时间常数较小,允许间隔时间相应缩短。

(4)发生下列异常情况之一时,应立即拉开电容器组开关,使其退出运行:电容器组母线电压超过电容器组额定电压 1.1 倍;通过电容器组的电流超过额定电流的 1.3 倍;电容器周围环境温度或电容器外壳最热点温度超出允许范围;电容器接点严重过热或熔化;电容器内部或放电装置有严重异常声响;电容器外壳有明显的异形膨胀;电容器瓷套管发生严重放电、闪络;电容器喷油、起火或爆炸。

5. 电容器组常见故障及处理

若电力电容器发生故障,应及时准确判断并报调度申请退出运行。在故障掉闸后,断路器不应试发,在该组电容器所在母线停电时,其断路器能自动断开。

(1)渗漏油。电容器渗漏油是一种普通的异常现象,其原因可能是:设备质量问题或在安装过程中瓷套管与外壳交接处碰伤,造成裂纹;运行维护不当;长期缺乏维修以致外皮生锈腐蚀,造成电容器渗漏油。

(2)电容器外壳膨胀。高电场作用下使得电容器内部的绝缘物质游离而分解出气体或部分元件击穿电极对外壳放电等原因,使得电容器的密封外壳内部压力增大,导致电容器的外壳膨胀变形,此时应及时处理,避免事故的蔓延扩大。

(3)电容器温升过高。主要原因是电容器过电流和通风条件较差。此外,电容器内部元件故障、介质老化、介质损耗增大都可能造成电容器温升过高。电容器温升过高影响电容器的寿命,也有导致绝缘击穿,使电容器短路的可能,因此运行中应严格监视和控制电容器短路的可能,严格监视和控制电容器室的环境温度。如果采取措施后仍然超过允许温度,应立即停止运行。

(4)电容器绝缘子表面闪络放电。运行中电容器绝缘子闪络放电,其原因是瓷绝缘有缺陷,表面脏污,因此运行中应定期进行清扫检查,对污秽地区不宜安装室外电容器。

(5)异常声响。电容器在正常运行情况下无任何声响,因为电容器是一种静止电器又无励磁部分,不应该有声音。如果运行中发现有放电声或其他不正常声音,说明电容器内部有故障,应立即停止运行,进行更换处理。

6. 电容器组常见故障处理

如发现电力电容器渗漏油、膨胀变形、熔丝熔断、电容器及其接头过热、异常音响,均须进行停电处理,停电应确保接地开关在合闸位置。由于电容器中存在部分残存电荷,须利用放电杆进行电容器的相间及对地充分放电,防止电容器内残余电荷对人放电,造成人员伤害事故。电力电容器异常及故障处理过程如下:

(1)运行人员检查在监控系统所发信号,如"电容器不平衡掉闸"等信号,再进行当地电容器的外观检查工作。

(2)未查明是否电容器故障时,不得强行送电。应停电进行绝缘摇测、电容值测量及三相电容平衡测量等试验,在试验前后都应先对电容器进行充分相间及对地放电,方可工作。

(3)判断为电容器故障时,应进行停电处理,经人工进行电容器相间及对地充分放电后,方可进人工作。如内熔丝故障应进行更换处理,如外熔丝熔断需更换熔丝并进行电容值测量,两者都必须经电容平衡及绝缘摇测无问题后,方可投入运行。

(4)如监控系统未发任何信号,当依靠测温装置监测出电容器接头发热问题时,应停电后打磨瓷头与母排接触点,涂导电膏或者更换截面面积更大的软连接;当监测到电容器温度过高时,应停电进行更换处理。

二、电抗器

电抗器是一种把电能转化为磁能而存储起来的电气元件,电力系统中所采取的电抗器常见的有串联电抗器和并联电抗器。

(一)电抗器的分类

按相数分为单相和三相电抗器。

按冷却装置种类分为干式和油浸电抗器。

按结构特征分为空心式和铁芯式电抗器。

按安装地点分为户内型和户外型电抗器。

按用途分为并联电抗器、限流电抗器、滤波电抗器、消弧电抗器、通信电抗器、电炉电抗器和启动电抗器。

(二)电抗器的作用

1. 并联电抗器的作用

并联电抗器是接在高压输电线路上的大容量电感线圈,作用是补偿高压输电线路的电容和吸收其无功功率,防止电网轻负荷时因容性功率过多而引起的电压升高。并联电抗器在电网中的主要作用如下:

(1)限制工频电压升高。

超高压输电线路一般距离较长,由于采用了分裂导线,所以线路的电容很大,每条线路的充电功率可达二三十万千伏。当容性功率通过系统感性元件时,会在电容两端引起电压升高,反映在空载线路上,会使线路上的电压呈现逐渐上升的趋势,即所谓的"容升"现象。严重时,线路末端电压能达到首端电压的1.5倍左右,如此高的电压是电网无法承受的。在长线路首末端装设并联电抗器,可补偿线路上的电容,削弱这种容升效应,从而限制工频电压的升高,便于同期并列。

(2)降低操作过电压。

当开断带有并联电抗器的空载线路时,被开断导线上剩余电荷即沿着电抗器以接近50 Hz的频率做振荡放电,最终泄入大地,使断路器触头间电压由零缓慢上升,从而大大降低了开断后发生重燃的可能性。

另外,500 kV断路器一般带有合闸电阻。当装有合闸电阻的断路器合闸于空载线路上时,合闸过电压发生在合闸电阻短路的瞬间。过电压的大小取决于电阻上的电压降,即取决于电阻上流过电流的大小。线路有无功补偿时,流过电阻的电流小,因而合闸过电压也大为降低。

(3)限制潜供电流。

为了提高运行可靠性,超高压电网中一般采用单相自动重合闸,即当线路发生单相接地故障时,立即断开该相线路,待故障处电弧熄灭后再重合该相。但实际情况是,当故障线路两侧断路器断开后,故障点电弧并不马上熄灭。一方面,由于导线间存在分布电容,会从健全相对故障相感应出静电耦合电压;另一方面,健全相的负荷电流通过导线间的互感,在故障相感应出电磁感应电压。这样在故障相叠加有两个电压,可使具有残余离子的故障点维持几十安的接地电流,称为潜供电流。如果在潜供电流被消除之前进行重合闸,必然会失败。

如果线路上接有并联电抗器,且其中性点经小电抗器接地,由于小电抗器的补偿,潜供电流中的电容电流和电感电流都会受到限制,故电弧很快熄灭,从而大大提高了单相重合闸的成功率。

(4)平衡无功功率。

500 kV线路充电功率大,而输送的有功功率又常低于自然功率,线路无功损耗较小。若不采取措施,就可能远距离输送无功功率,造成电压质量降低,有功功率损耗增大,而且送端增加的无功功率部分都被线路消耗掉,并不能得到利用。而并联电抗器正好可以吸收无功功率,起到使无功功率就地平衡的作用。

2. 限流电抗器的作用

变电站中装设限流电抗器的目的是限制短路电流,以便能经济合理地选择电器。限流电抗器按安装地点和作用可分为线路电抗器、母线电抗器和变压器回路电抗器。

(1)线路电抗器。为了使出线能选用轻型断路器以及减小馈线电缆的截面面积,将线路电抗器串接在电缆馈线上,当线路电抗器后发生短路时,不仅限制了短路电流,还能维持较高的母线剩余电压,提高供电的可靠性。由于电缆的电抗值较小且有分布电容,即使短路发生在电缆末端,也会产生和母线短路差不多大小的短路电流。

(2)母线电抗器。母线电抗器串接在发电机电压母线的分段处或主变压器的低压侧,用来限制站内外短路时的短路电流。若能满足要求,可以省去在每条线路上装设电抗器,以节省工程投资,但它限制短路电流的效果较小。

(3)变压器回路电抗器。安装在变压器回路中,用于限制短路电流,以使变压器回路能选用轻型断路器。

3. 串联电抗器的作用

串联电抗器在电力系统中与并联电容补偿装置或交流滤波装置回路中的电容器串联,其作用如下:

（1）降低电容器组的涌流倍数和涌流频率。

（2）可以吸收接近调谐波的高次谐波,降低母线上该次谐波的电压值,减少系统电压波形畸变,提高供电质量。

（3）与电容器的容抗处于某次谐波全调谐或过调谐状态下,可以限制高于该次谐波的电流流入电容器组,保护了电容器组。

（4）在并联电容器组内部短路时可减小系统提供的短路电流,在外部短路时可减少电容器组对短路电流的助增作用。

（5）减小健全电容器组向故障电容器组的放电电流值。

（6）电容器组的断路器在分闸过程中发生重击穿,串联电抗器能减小涌流倍数和涌流频率,并降低操作过电压。

（三）电抗器的使用知识

1. 电抗器的布置和安装

线路电抗器的额定电流较小,通常都作垂直布置。各电抗器之间及电抗器与地之间用支柱绝缘子绝缘。中间一相电抗器的绕线方向与上下两边的绕线方向相反,这样在上中或中下两相短路时,电抗器间的作用力为吸引力,不易使支柱绝缘子断裂。母线电抗器的额定电流较大,尺寸也较大,可作水平布置或品字形布置。

2. 电抗器的运行维护

电抗器在正常运行中,接头应接触良好,无发热;周围应整洁,无杂物;支柱绝缘子应清洁,并安装牢固,水泥支柱无破碎;垂直布置的电抗器应无倾斜;电抗器绕组应无变形;无放电声及焦臭味。

【任务实施】

1. 要求

熟悉电容器、电抗器的类型及特点,熟悉巡检要求。

2. 实施流程

（1）小组熟悉电容器、电抗器。

（2）教师提问考核。

项目五　电气主接线的设计及倒闸操作

【项目介绍】

电气主接线对发电厂和变电站以及电力系统的安全、可靠、经济运行起着重要的作用。本项目讲述了电气主接线的类型及特点、倒闸操作、电气主接线的设计、厂用电等知识,为学生从事电气运行、电气设计等工作奠定基础。

【学习目标】

1. 掌握电气主接线的类型及特点。

2. 熟悉倒闸操作。

3. 能进行简单的电气主接线设计。

任务一　认识电气主接线

【工作任务】　认识不同类型的电气主接线。

【任务介绍】　在发电厂和变电站中,不同的电站有与之相适应的各种电气主接线,为了准确判断电气主接线的形式,要求掌握电气主接线的概念、基本要求、基本形式的特点及适用范围等知识点,电气运行值班员、变电站运行维护人员都必须熟练掌握各种类型电气主接线的优缺点及适用范围,主接线是发电厂和变电站最核心的基础内容,电气运行倒闸操作、事故处理都必须在熟练掌握不同类型主接线的前提下进行。

【相关知识】

一、电气主接线概述

(一)电气主接线的概念

电气主接线是指发电厂或变电站中的一次设备按功能要求连接起来,表示电能生产、汇集和分配的电路,也称为主电路。用规定的电气设备图形符号和文字符号详细地表示电气设备的基本组成和连接关系的接线图,称为电气主接线图。电气主接线影响配电装置的布置、二次接线、继电保护及自动装置的配置,直接影响运行的可靠性和灵活性,所以电气主接线是发电厂和变电站电气部分的主体,对发电厂和变电站以及电力系统的安全、可靠、经济运行起着重要的作用。主接线的正确、合理设计,必须综合考虑各方面的因素,经过技术和经济比较后方可确定。

电气主接线图一般绘成单线图,只有在表达三相电路不对称连接时,才将局部绘制为三线图;若有中性线或地线,可用虚线表示,以使主接线清晰易看。

（二）电气主接线的基本要求

电力系统是一个巨大的严密的整体,各类发电厂和变电站分工完成整个电力系统的发电、变电和配电任务,电气主接线的好坏不仅影响到发电厂、变电站和电力系统本身,同时也影响到工农业生产和人民生活。因此,发电厂和变电站的主接线必须满足以下基本要求:

(1)可靠性。

安全可靠是电力生产的首要任务,保证供电可靠是电气主接线最基本的要求,停电不仅给发电厂带来经济损失,而且给国民经济带来严重的损失,甚至导致人身伤亡、设备损坏、产品报废、城市生活混乱等难以估量的经济损失和政治影响。因此,电气主接线必须保证供电可靠。

主接线的可靠并不是绝对的,同样形式的主接线对某些发电厂和变电站来说是可靠的,但对另一些发电厂和变电站就不能满足可靠性要求。所以,在分析主接线的可靠性时,不能脱离发电厂和变电站在系统中的地位和作用、用户的负荷性质和类别、设备制造水平及运行经验等诸多因素。

(2)灵活性。

主接线应能适应各种运行状态,并能灵活地进行运行方式的转换,灵活性主要体现在操作的方便性、调度的方便性及扩建的方便性。

(3)经济性。

在设计主接线时,主要矛盾往往发生在可靠性与经济性之间,通常设计应在满足可靠性和灵活性的前提条件下做到经济合理。经济性主要体现在节省一次投资,减少占地面积,减少电能损耗。

二、电气主接线的基本形式

电气主接线的基本形式,就是主要电气设备常用的几种连接方式,它以电源和出线为主体,电源可以是发电机或变压器,在变电站里可以是变压器或高压进线回路。由于各发电厂和变电站的出线回路数和电源数不同,且每路馈线所传输的功率也不一样,因此在进出线回路数较多时(一般超过四回),为了便于电能的汇集和分配,常采用母线作为中间环节,这样可使接线简单清晰,运行方便,有利于安装和扩建;而进出线回路数较少时,可以采用无母线的接线形式,这种接线形式使用的电气设备少,配电装置占地面积小,但不利于扩建。

典型的电气主接线可分为两大类:有汇流母线接线形式和无汇流母线接线形式。有汇流母线接线形式可概括为单母线接线和双母线接线两大类:单母线接线是指只采用一组母线的接线,包括不分段的单母线接线、单母线分段接线、单母线带旁路母线接线、单母线分段带旁路母线接线;双母线接线是指只采用两组母线接线,包括不分段的双母线接线、双母线分段接线、双母线带旁路母线接线、双母线分段带旁路母线接线,而一台半断路器接线(又称3/2接线)也具有两条母线,但与双母线接线特点不同。无汇流母线的接线形式主要有桥形接线、多角形接线和单元接线。

（一）不分段的单母线接线

不分段的单母线接线如图 5-1 所示，由两条电源进线（电源Ⅰ、电源Ⅱ）、四条出线（Ⅰ、Ⅱ、Ⅲ、Ⅳ）及一条母线 WB 组成。单母线接线的每一回路都通过一台断路器和一组母线隔离开关接到母线上。紧靠母线侧的隔离开关 QS_2 称为母线隔离开关，紧靠线路侧的隔离开关 QS_1 称为线路隔离开关。断路器 QF_1、QF_2 具有灭弧装置，可以开合负荷电流和短路电流，用作接通和切断电路的控制器件。隔离开关没有灭弧装置，开合电流能力极低，只能用作设备停运后退出工作时断开电路，保证与带电部分隔离，起隔离电源的作用。

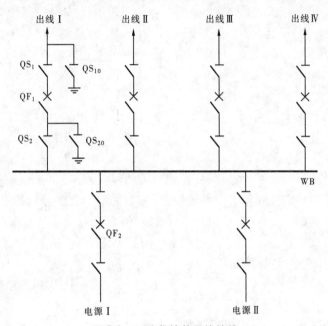

图 5-1　不分段的单母线接线

1. 隔离开关装设原则

（1）对于馈线用户侧有电源的回路，应该在断路器靠近用户侧加装线路隔离开关 QS_2，以便检修断路器时隔离电源，反之可以不加装。但是，如果为了阻止过电压入侵或用户启动自备柴油发电机时误倒送电，也可以装设线路隔离开关。

（2）若电源是发电机，则发电机和其出口断路器之间可以不装隔离开关，因为断路器 QF_2 检修必然使发电机处于停机状态。但为了便于对发电机进行单独调试，可装设隔离开关或设置可拆连接点。

2. 不分段单母线运行操作原则

在运行操作时，同一回路中串联的隔离开关和断路器必须严格遵循如下操作顺序：

（1）接通电路时，先合母线侧刀闸 QS_2，然后合上线路侧刀闸 QS_1，最后合断路器 QF_1 向负载供电。这是因为送电时，如果开关 QF_1 误在合闸位置便去合刀闸，此时，如果先合线路侧刀闸 QS_1、后合母线侧刀闸 QS_2，等于用母线侧刀闸带负荷送线路，一旦发生弧光短路，便会造成母线故障，从而人为扩大事故范围。如果先合母线侧刀闸 QS_2、后合线路侧刀闸 QS_1，等于用线路侧刀闸带负荷送线路，一旦发生弧光短路，开关 QF_1 保护动作，可以切除故障，从而减小事故范围。所以，送电时应先合母线侧刀闸、后合线路侧刀闸。

（2）切断电路时，先断开断路器 QF_1，再断开线路侧刀闸 QS_1，然后断开母线侧刀闸 QS_2。停电时，若因某种原因在开关 QF_1 未断开前先拉刀闸、开关实际触头未分开去操作刀闸、走错闸隔、误拉运行中刀闸等，都将造成带负荷拉刀闸。如果先拉母线侧刀闸 QS_2，弧光短路点在开关 QF_1 与母线之间，将造成母线短路。但如果先拉线路侧刀闸 QS_1，则弧光短路点在开关 QF_1 与线路之间，开关 QF_1 保护动作跳闸，能切除故障，从而缩小事故范围。所以，停电时应先拉线路侧刀闸、后拉母线侧刀闸。

严格遵循此操作程序是为了一旦发生误操作时，缩小事故范围，避免人为扩大事故。为了防止误操作，还应在断路器和隔离开关之间加装电气或机械闭锁装置。当电压在 110 kV 及其以上时，断路器两侧的隔离开关均应配置接地开关（QS_{10}、QS_{20}）。对 35 kV 及其以上的母线，在每段母线上亦应设置 1~2 组接地开关或接地器，以保证电器和母线检修时的安全。

3. 不分段单母线运行方式及特点

（1）单母线接线方式既可保证电源的并列工作，又能使任一出线都可以从电源 I 或电源 II 获得电能，且接线简单、设备少、投资小、操作方便、占地少，便于扩建。

（2）所有线路和变压器回路都接在一组母线上，所以当母线或母线隔离开关进行检修或发生故障时，全厂或全站停电；当检修任意出线断路器时，该条出线停电；当线路、变压器、继电保护装置动作而断路器拒绝动作时，整个配电装置停止运行。因此，这种接线形式的运行可靠性和灵活性不高，由于电源只能并列运行，对运行状况变化的适应性较差，调度不方便，且线路侧发生短路时有较大的短路电流。

4. 不分段单母线接线的适用范围

该接线形式适用于出线回路较少、且没有重要负荷的发电厂和变电站中，一般适用于一台发电机或一台主变压器的以下三种情况：

（1）6~10 kV 配电装置的出线回路数不超过 5 回。

（2）35~63 kV 配电装置的出线回路数不超过 3 回。

（3）110~220 kV 配电装置的出线回路数不超过 2 回。

（二）单母线分段接线

单母线分段接线如图 5-2 所示，与不分段的单母线接线比较，母线被断路器分成了两段甚至多段，这样可以提高供电的可靠性和灵活性。

1. 单母线分段接线的运行方式及特点

正常运行时，单母线分段接线有以下两种运行方式。

1）分段断路器闭合运行及特点

在这种情况下正常运行时，分段断路器 QF_d 闭合，两个电源（电源 I、电源 II）分别接在母线 I 段、母线 II 段上；两段母线上的负荷应均匀分配，以使两段母线上的电压均衡。运行中，当任何一段母线发生故障时，继电保护装置动作跳开分段断路器 QF_d 和接至该母线段上的电源断路器（如 QF_3），另一段则继续运行，而两段母线同时出现故障的概率比较小，可以不予考虑。当一个电源（如电源 I）故障时，只需断开 QF_3 和 QS_5，仍可以使两段母线都有电，可靠性比较高，但是线路故障时短路电流较大。在可靠性要求不高的情况下，也可以采用隔离开关进行母线分段（如 QS_6 或 QS_7），但任一段母线故障时，将造成两段母线同时停电,在判别好故障后,拉开分段隔离开关,非故障段母线即可恢复供电。

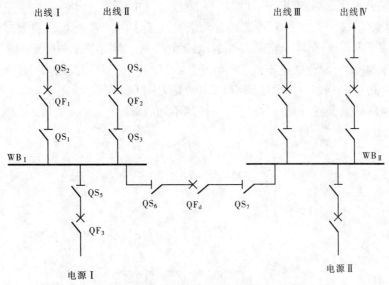

图5-2　单母线分段接线

2)分段断路器断开运行及特点

在这种情况下正常运行时,分段断路器 QF$_d$ 断开,两段母线的电压可不相同。每个电源只向接至该段母线上的引出线供电,为了提高供电的可靠性,在分段断路器上装设备用电源自动投入装置,当任一电源(如电源Ⅰ)出现故障时,该电源断路器 QF$_3$ 自动断开,之后备用电源自动投入装置会自动接通分段断路器 QF$_d$,保证全部引出线继续供电。这种运行方式可能引起正常运行时两段母线的电压不相等,若由两段母线向一个重要用户供电,会给用户带来一些困难。而分段断路器 QF$_d$ 断开运行,有利于限制短路电流。

单母线分段的数目,取决于电源的数量和容量。段数分得越多,故障时停电的机会就越少,但使用断路器的数目也越多,运行也越复杂,通常分为 2~3 段。单母线分段接线,可看成多个独立的电源,母线故障或检修时的停电范围缩小,较不分段单母线接线提高了供电可靠性和灵活性,可为重要用户供电。但当电源容量较大或出线数目较多,特别是单回路供电的用户较多时,单母线分段接线存在以下缺点:

(1)当一段母线检修时,必须断开接在该分段上的全部电源和出线,这样就减少了系统的发电量,并使由该段单回路供电的用户停电。

(2)任一出线断路器检修时,该回路必须停止工作。

在可靠性要求不高时,或者在工程分期实施时,为了降低设备费用,也可使用一组或两组隔离开关进行分段。这时,若任一段母线故障,将造成两段母线同时停电;在判别故障后,拉开分段隔离开关,完好段即可恢复供电。

2.单母线分段接线的使用范围

一般认为单母线分段接线可用于以下场合:

(1)6~10 kV 时,出线在 6 回及其以上,但每段母线容量不超过 25 MW。

(2)35~66 kV 时,出线回路为 4~8 回。

(3)110～220 kV 时,出线回路不超过 4 回。

（三）不分段双母线接线

不分段双母线接线如图 5-3,设置有两组母线 I 、II,两组母线之间通过母线联络断路器 QF_c（简称母联断路器）连接,每回进出线均经一台断路器和两组母线隔离开关分别接至两组母线（如电源进线经断路器 QF_2 和两组母线刀闸 QS_6、QS_7 接至母线上;出线经两组母线刀闸 QS_3、QS_4 和一台断路器 QF_1、线路刀闸 QS_5 接通）,正是由于每回路设置了两组母线隔离开关,电源和出线都可以切换到不同的母线上运行,从而大大改善了其工作性能。

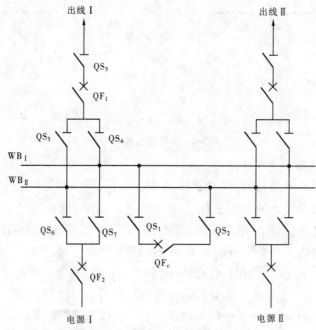

图 5-3　不分段双母线接线

1. 不分段双母线接线的运行方式及特点

1）母联断路器 QF_c 断开运行及特点

母联断路器 QF_c 分闸运行,此时全部进出线都接在一组母线上运行（如都运行在 I 母上）,另一组母线 II 备用,相当于单母线运行,但不等同于单母线运行。当工作母线（ I 母）故障时,可将全部回路转移到备用母线（ II 母）上运行,从而使各回路迅速恢复供电。

2）母联断路器 QF_c 闭合运行及特点

母联断路器 QF_c 合闸运行,进出线均匀分配于并联的两组母线上,即固定连接运行方式,是生产中最常采用的运行方式,它具有单母线分段并列运行时的特点,但不等同于单母线分段的并列运行。当其中一条母线故障（如 I 母故障）时,母联断路器 QF_c 自动断开,与该故障母线 I 母连接的断路器、母联断路器 QF_c 全部断开,所有的电源和出线都可以转移到另一条母线上继续运行。

2. 不分段双母线接线的优点

(1)检修任一组母线时可不中断供电。可通过倒闸操作,轮流检修两组母线。以 I

母工作、Ⅱ母备用为例,正常工作时断路器 QF_1、QF_2 是闭合的,刀闸 QS_4、QS_5、QS_7 是闭合的,QF_c、QS_1、QS_2 是断开的,不分段双母线接线要检修工作母线(Ⅰ母),可依次进行如下操作:将工作母线(Ⅰ母)转换为备用;依次合上 QS_1、QS_2、QF_c,检查备用母线(Ⅱ母)是否完好,若存在短路故障则母联断路器 QF_c 会立即跳闸,若Ⅱ母完好,则断开母联断路器 QF_c 的控制回路电源,以免母联断路器 QF_c 在后续操作中误跳闸;合上所有Ⅱ母的隔离开关 QS_3、QS_6,断开Ⅰ母上的隔离开关 QS_4、QS_7,将所有电源回路、出线回路转移至Ⅱ母,投入母联断路器 QF_c 控制回路电源,依次断开 QF_c、QS_2、QS_1。

(2)检修任一回路的母线隔离开关时,只断开该回路。在Ⅰ母工作、Ⅱ母备用时,需要检修电源Ⅰ母侧隔离开关 QS_4,只需断开该回路和与此隔离开关相连接的Ⅰ母线,将其他所有回路都倒换到备用母线(Ⅱ母)上运行,即可停电检修该隔离开关。

(3)当工作母线故障时,可将全部回路转移到备用母线上,从而使各回路迅速恢复供电。如果工作母线发生短路故障,各电源回路的断路器自动跳闸。随后拉开引出线回路断路器和工作母线侧隔离开关,合上各回路备用母线侧隔离开关,最后依次合上电源、引出线回路断路器,即可恢复供电。

(4)检修任一回路断路器时,可将被检修的断路器位置用"跨条"连接后,用母联断路器 QF_c 代替被检修的断路器,不致使该回路长时间中断供电。

(5)便于扩建,向双母线两端任何一方扩建,均不影响两组母线的电源和负载均匀分配,在施工中也不会造成原有回路停电。

3. 不分段双母线接线的缺点

(1)变更运行方式时,需利用母线隔离开关进行倒闸操作,操作步骤较为复杂,容易出现误操作,从而导致设备或人身事故。

(2)检修任一回路断路器时,该回路仍需停电或短时停电,但短时停电可以采用增设跨条。

(3)增加了大量的母线隔离开关及延长了母线的长度,配电装置结构较为复杂,占地面积与投资都增多了。

(4)当工作母线故障时,在切换母线的过程中仍要短时停电。

由于双母线接线具有较高的可靠性和灵活性,在大中型发电厂和变电站中得到广泛采用,一般用于引出线和电源较多、输送和穿越功率较大、要求可靠性和灵活性较高的场合。

例如:

(1)电压为 6~10 kV、短路容量大、有出线电抗器的装置。

(2)电压为 35~60 kV、出线超过 8 回或电源较多、负荷较大的装置。

(3)电压为 110~220 kV、出线为 5 回及其以上,或者在系统中居重要位置、出线为 4 回及其以上的装置。

(四)双母线分段接线

单母线分段或不分段的双母线接线时,一段母线故障将造成约半数回路停电或短时停电。大型发电厂和变电站对运行可靠性与灵活性的要求很高,必须注意避免母线系统故障以及限制母线故障影响范围,防止全厂(站)性停电事故的发生,因此可考虑采用双母线分段接线。双母线分段接线如图5-4所示,一组母线 WB_I 用分段断路器 QF_d 分为两段I、II,每段母线分别通过母联断路器 QF_{c1}、QF_{c2} 与另一组母线 WB_{II} 连接。这种接线较双母线具有更高的可靠性和更大的灵活性。

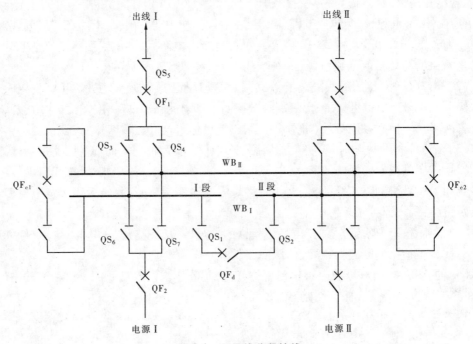

图5-4 双母线分段接线

1. 双母线分段接线的运行及特点

(1)通常将一组母线(如 WB_{II} 母线)作为备用母线,另一组母线(如 WB_I 母线)作为工作母线,母联断路器 QF_{c1}、QF_{c2} 平时断开运行。也可将两组母线均用分段断路器分为两段,则可构成双母线四分段接线。双母线分段接线具有相当高的供电可靠性与运行灵活性,但所使用的电气设备更多,配电装置也更为复杂。

(2)当 WB_{II} 母线备用,WB_I 的I、II工作时,它具有单母线分段接线的特点。工作母线的任一分段检修时,将该段母线的所有支路倒至备用母线 WB_{II} 上运行,仍能保持正常工作。

(3)当具有三个或三个以上电源时,可将电源分别接到两段母线 WB_I 的I、II和 WB_{II} 上,用母联断路器 QF_{c1} 连通 WB_I 的I组母线与 WB_{II} 母线,构成单母线分三段运行,进一步提高供电可靠性。

(4)为了限制短路电流,正常运行时,可在分段断路器处加装分段电抗器,如图5-5所示,WB_I 的两段母线I、II经分段电抗器 L、QF_d 并列运行。当任一段母线发生短路故障时,分段电抗器均将起限制短路电流的作用。检修母线I(或II)时,仍可通过倒闸操作使母线II(或I)与 WB_{II} 经过 L、QF_d、(QS_4 或 QS_3)保持并列运行。当一台及以上发电机退出运行,母线系统短路电流减小,不需电抗器限流时,可利用母联断路器 QF_{c1} 或 QF_{c2} 使母线I或II与备用母线 WB_{II} 并列运行,以消除分段电抗器中的功率损耗与电压损耗,使两段母线电压均衡。

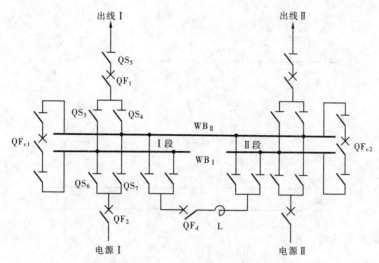

图5-5　有分段电抗器的双母线分段接线

2. 双母线分段接线的使用范围

双母线分段接线主要适用于大容量、进出线较多的装置。

（1）电压为 220 kV、进出线为 10 ~ 14 回的装置。

（2）在 6 ~ 10 kV 配电装置中，当进出线回路数或者母线上电源较多、输送的功率较大时，短路电流较大，可在分段处装设分段限流电抗器。

（五）带旁路母线接线

在前面所学的电气主接线中，只要涉及检修出线断路器时，都会使得该检修支路停电，如欲在检修任一出线断路器时不中断对该线路的供电，可增设跨条，但增设跨条只能在短时停电检修时可用，因为缺少断路器的保护，一旦出现故障，会扩大事故停电范围。为了解决长时检修断路器时不中断该支路供电的问题，可增设旁路母线，即带旁路母线接线。所谓带旁路母线接线，是指在工作母线外侧增设一组旁路母线，如图5-6所示，旁路母线 WB_b 通过旁路断路器 QF_b 与母线 WB_I、WB_{II} 连接。每一条出线回路通过旁路隔离开关 QS_{b1}、QS_{b2} 与旁路母线 WB_p 连接。正常运行时旁路母线不带电，旁路断路器 QF_b 及其隔离开关 QS_{b1}、QS_{b2} 均断开。带旁路母线的接线形式有单母线带旁路母线接线、单母线分段带旁路母线接线、双母线带旁路母线接线、双母线分段带旁路母线接线等。

1. 带旁路母线接线的运行特点

现以检修线路出线 I 的断路器 QF_1 为例，说明其操作程序，首先合上旁路断路器 QF_b 及两侧的隔离开关，对旁路母线充电检查，若旁路母线完好，合上旁路隔离开关 QS_{b1}，构成工作母线经 QF_b 到旁路母线，再经 QS_{b1} 向出线 I 供电的旁路通路。然后断开 QF_1 及其两侧隔离开关，做好安全保护接地，即可进行检修。断路器检修后要恢复供电时，首先合线路断路器 QF_1 两端的隔离开关及线路断路器 QF_1，使工作母线与旁路母线并列；再断开旁路断路器 QF_b 及其两侧的隔离开关，出线由工作母线供电；最后断开旁路隔离开关 QS_{b1}，使旁路母线退出运行。QF_b 一般配置有继电保护装置，所以不仅可以用它来正常投切线路,而且可以自动切除线路上的故障。

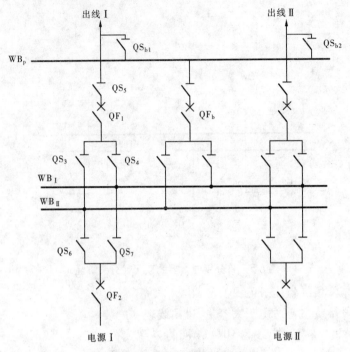

图5-6 双母线带旁路母线

2. 带旁路母线接线的特点

(1)带旁路母线接线在检修出线断路器时,该回路不用停电,从而提高了供电可靠性。当电压等级较高、线路回路较多时,因每一年中的断路器累计检修时间较长,这一优点就更加突出了。

(2)这种接线所用的电气设备数量较多,配电装置结构复杂,占地面积较大,经济性较差。当出线回数较少时,可采用如图 5-7(旁路断路器兼用)所示的以母联断路器兼作旁路断路器的简易接线形式,以节省断路器,减少配电装置间隔,减少投资与占地面积,改善其经济性。但其显著缺点是,每当检修线路断路器时,必须利用母联断路器来代替它的工作,从而增加了隔离开关和继电保护更改的次数。

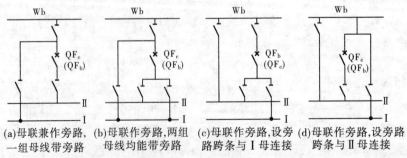

(a)母联兼作旁路, 一组母线带旁路　(b)母联作旁路,两组母线均能带旁路　(c)母联作旁路,设旁路跨条与Ⅰ母连接　(d)母联作旁路,设旁路跨条与Ⅱ母连接

图5-7 以母联断路器兼作旁路断路器的简易接线形式

3.带旁路母线接线的适用范围

根据我国情况,一般规定当220 kV线路有5(或4)回及其以上出线、110 kV线路有7(或6)回及其以上出线时,可采用有专用旁路断路器的双母线带旁路母线接线。

但由于电力系统自动化程度越来越高,供电可靠性越来越好,因此旁路母线的利用率也在降低,目前基本不采用带旁路母线的电气主接线形式。

(六)一台半断路器接线

一台半断路器接线如图5-8所示,有两组母线 WB_I、WB_{II},两组母线间接有若干串断路器,每一串的三台断路器之间接入两个回路,处于每串中间部位的断路器称为联络断路器 QF_c。由于平均每个回路均装设一台半(3/2)断路器,故称为一台半断路器接线(又称为3/2接线)

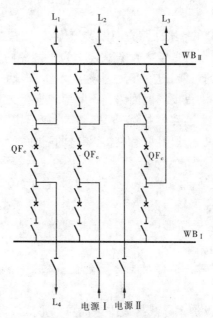

图5-8　一台半断路器接线

有两组母线,每条回路经一台断路器接至一组母线,两个回路间有一台断路器联络,组成一"串"电路,每回进出线都与两台断路器相连,同一"串"电路的两条进出线共用三台断路器,故称之为一台半断路器接线或3/2接线。正常运行时,两组母线同时工作,所有断路器均闭合,形成多环供电。

1.一台半断路器接线的运行及特点

(1)运行灵活性好。

正常运行时,两条母线和全部断路器都同时工作,形成多环路供电方式,运行调度十分灵活。

(2)工作可靠性高。

每回路虽然只平均装设了一台半断路器,但却可经过两台断路器供电,任一断路器检修时,所有回路都不会停止工作。当一组母线故障或检修时,所有回路仍可通过另一组母线继续运行。即使是在某一台联络断路器故障、两侧断路器跳闸,以及检修与事故相重叠等严重情况下,停电的回路数也不会超过两回,而无全部停电的危险。

（3）操作检修方便。

隔离开关只用作检修时隔离电压,避免了更改运行方式时复杂的倒闸操作。检修任一母线或任一断路器时,各进出线回路都不需切换操作。

2. 一台半断路器接线的主要缺点

所用的断路器、电流互感器等设备较多,投资较高;因为每个回路接至两台断路器,联络断路器连接着两个回路,故使继电保护及二次回路的设计、调整、检修等比较复杂。

3. 一台半断路器接线的适用范围

一台半断路器接线,目前广泛应用于大型发电厂和变电站的 330～500 kV 超高压配电装置中,一般进出线数在 6 回及其以上时宜采用。

4. 注意事项

（1）一台半断路器接线在一次回路方面的突出优点,使它在大容量、超高压配电装置中得到了广泛应用,受到了运行单位的普遍欢迎。为了避免两台主变压器回路或去同一系统的双回线路同时停电的可能,进一步提高该接线的可靠性,应注意将两回路分别布置在不同的串中,并尽量将特别重要的两回路在不同串中进行交叉换位。

（2）图 5-8 所示的一台半断路器接线是"完整串"。但由于 500 kV 变电站初期规模小,扩建次数多,最终规模大,所以经常存在"半串"的过渡过程,即一串中由两个母线开关同时供一条线路。此时虽然它已不是严格意义上的一台半断路器接线,但仍具有一台半断路器的接线可靠性、灵活性等优点,还是称之为一台半断路器接线的一种形式。

无汇流母线类主接线最大特点是使用断路器少,一般都小于或等于回路数,结构简单,投资小。主要有单元接线、桥形接线、多角形接线等。

（七）单元接线

发电机与变压器直接连接,没有或很少有横向联系的接线方式,称为单元接线,单元接线是将不同的电气设备(发电机、变压器、线路)串联成一个整体,称为一个单元,然后与其他单元并列。单元接线是无母线接线中最简单的形式。其主要类型如图 5-9 所示,具有结构简单、使用设备少、操作简便、继电保护简单、可有效降低短路电流等优点。在机组台数少、不带近区负荷的大中型机组中被广泛采用。

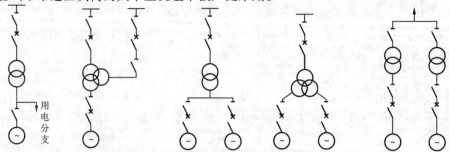

(a)发电机—双绕 　(b)发电机—三绕 　(c)发电机—双绕组 　(d)发电机—分裂绕 　(e)发电机—变压器
　组变压器单元 　　组变压器单元 　　变压器扩大单元 　组变压器扩大单元 　　联合单元

图 5-9　单元接线

1. 发电机—双绕组变压器单元接线(见图 5-9(a))

发电机出口处除接有厂用电分支外,不设置母线,输出电能均经过主变压器升高电压送至电网。因发电机不会单独空载运行,故不需装设出口断路器,有时可装一组隔离开关,以便单独对发电机进行试验。

2. 发电机—三绕组变压器单元接线(见图 5-9(b))

发电机出口应装设出口断路器及隔离开关,以便在变压器高中压绕组联合运行情况下进行发电机的投切操作。发电机—三绕组变压器单元接线在发电机停止工作时,变压器高压侧和中压侧仍能保持联系,在发电机与变压器之间需要装设断路器。但对大容量机组,断路器的选择困难,而且采用分相封闭母线后安装也较复杂,故目前国内极少采用这种接线方式。

3. 扩大单元接线(见图 5-9(c)、(d))

可以减少变压器及其高压断路器的台数,减少相应的配电装置间隔,节约投资与占地面积。采用分裂低压绕组变压器时,可以限制其低压侧的短路电流,但扩大单元的运行灵活性较差,例如检修变压器时,两台发电机就必须全停。扩大单元的组合容量应与电力系统的总容量和备用容量相适应,一般不超过系统总容量的 8% ~ 10% ,以免当其故障切除时影响系统的稳定运行。

4. 发电机—变压器联合单元接线(见图 5-9(e))

有时由于变压器制造容量的限制,大型机组无法采用扩大单元接线时,也可把两个发电机变压器单元在高压侧组合为发电机—变压器联合单元接线,以减小昂贵的变压器高压侧断路器和高压配电装置间隔。

各种单元接线的共同特点是接线简单清晰,减少设备和占地面积,操作简便,经济性好。不设发电机电压母线,发电机电压侧的短路电流减小。

(八)桥形接线

桥形接线是由一台断路器和两组隔离开关组成连接桥,将两回变压器—线路组横向连接起来的电气主接线,根据桥联断路器的位置不同可分为内桥接线和外桥接线,当只有两台变压器和两条线路时,一般采用桥形接线。

1. 内桥接线

联络断路器 QF_e 接在线路断路器的内侧(靠近变压器侧)的接线方式称为内桥接线,如图 5-10(a)所示。连接桥母线上的断路器 QF_e 正常状态下合闸运行。内桥接线的任一线路投入、断开、检修或线路故障时,都不会影响其他回路的正常运行;但当变压器投入、断开、检修或故障时,则会影响另一回线路的正常运行,我们也称之为内桥内不便。由于便于线路的正常投切操作及切除其短路故障,投切变压器时则需要操作两台断路器及相应的隔离开关,因此这种接线适用于变压器不需要经常切换、输电线路较长、线路故障断开机会较多、穿越功率较少的场合。因为在这种接线形式下,穿越功率将通过其中的三台断路器,任一台断路器的检修或故障都将中断穿越功率的传输,影响系统的运行。由于变压器运行可靠,而且不需要经常进行运行方式切换,内桥接线得到了广泛使用。

2. 外桥接线

联络断路器 QF_e 接在主变压器断路器的外侧(靠近线路侧)接线方式称为外桥接线,

如图 5-10(b)所示。外桥接线的变压器投入、断开、检修或故障时,不会影响其他回路的正常运行。但当线路投入、断开、检修或故障时,则会影响一台变压器的正常运行。这种接线适用于线路较短、故障率较低、主变压器需按经济运行要求经常投切以及电力系统有较大的穿越功率通过连接桥回路的场合。

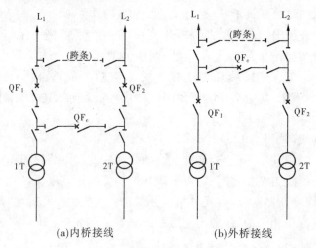

图 5-10　桥形接线

在桥形接线中,为了在检修线路断路器或联络断路器时不影响其他回路的运行,可以考虑增设跨条(如图 5-10 中的虚线部分),正常运行时跨条断开;跨条回路中装设两台隔离开关,以便轮流停电检修。桥形接线简单清晰,每个回路平均装设的断路器台数最少,可节省投资,也易于发展过渡为单母线分段或双母线接线。但因内桥接线中的变压器正常投切与故障切除将影响线路的运行,外桥接线中的线路正常投切与故障切除将影响变压器的运行,且更改运行方式时需利用隔离开关作为操作电器,故其工作可靠性和灵活性不够高。根据我国多年运行经验,桥式接线一般可用于条件适合的中小型发电厂、变电站的 35～220 kV,且只有两回进线及两回出线的配电装置中。

(九)多角形接线

多角形接线的每边中含有一台断路器和两台隔离开关,各边互相连接成闭合的环形,各进出线回路中只装设隔离开关,分别接至多角形的各个顶点上,如图 5-11 所示。当有 3 个断路器环形连接时,从每 2 台断路器之间可以引出 3 个回路,即成为三角形接线。其他多角形接线按此类推。

1. 多角形接线的主要优点

(1)经济性较好。

这种接线方式下的断路器台数等于进出线回路数,平均每回路只需装设一台断路器。除桥式接线外,它比其他接线方式使用的设备少,投资也少。

(2)工作可靠性与灵活性较高,易于实现自动远动操作。

多角形接线中,没有汇流主母线和相应的母线故障。每回路均可由两台断路器供电,任一断路器检修时所有回路仍可继续照常工作,任一回路故障时不影响其他回路的运行。所有的隔离开关仅用于停运或检修时隔离电压,而不用作操作电器。

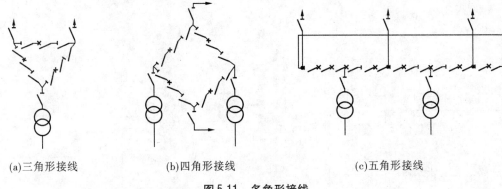

(a)三角形接线　　　　　(b)四角形接线　　　　　　(c)五角形接线

图5-11　多角形接线

2. 多角形接线的主要缺点

（1）检修任一断路器时，多角形接线变成开环运行，可靠性显著降低。此时，若不与该断路器所在边直接相连的其他任一设备发生故障，将可能造成两个及以上回路停电，多角形接线被分割成两个相互独立的部分，功率平衡遭到破坏等严重后果。并且，多角形接线的角数愈多，断路器检修的机会也愈多，开环时间愈长，此缺点也愈突出。此外，还应将同名回路（两个电源回路或属于同一用户的双回线路）按照对角原则进行连接，以减少设备（如断路器）故障时的影响范围。

（2）运行方式改变时，各支路的工作电流可能变化较大，使相应的继电保护整定也比较复杂。

（3）多角形接线闭合成环，其配电装置难以扩建发展。

3. 多角形接线的适用范围

我国经验表明，在 110 kV 及其以上配电装置中，当出线回数不多，且发展规模比较明确时，可以采用多角形接线，一般以采用三角形或四角形为宜，最多不要超过六角形。

【任务实施】

1. 要求

识别电气主接线（见图5-12），分析采用该种主接线形式的原因。

2. 实施流程

（1）选取典型电气主接线图。

（2）分组读图。

（3）小组交流讨论。

（4）小组代表上台阐述主接线图。

3. 交流讨论

组织全班同学进行小组阐述、互评。

4. 考核

小组考核＋指导教师考核。

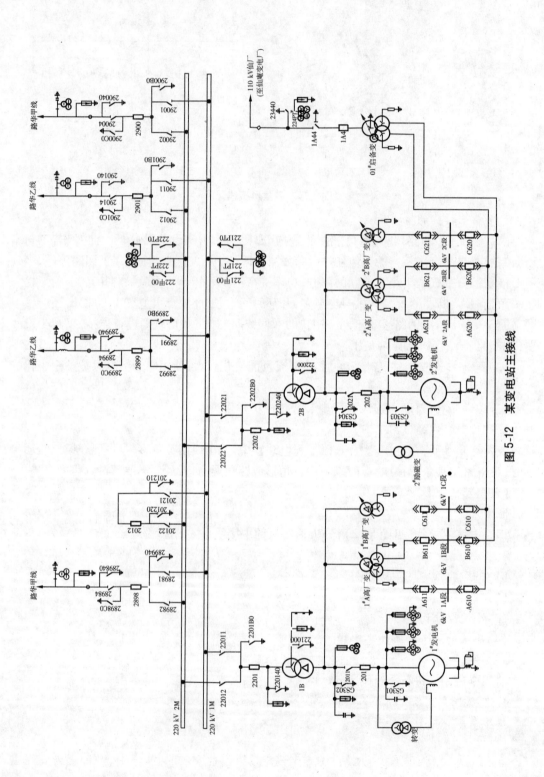

图 5-12　某变电站主接线

任务二　倒闸操作

【工作任务】　倒闸操作。

【任务介绍】　在发电厂和变电站中,电气主接线的倒闸操作是电气运行值班人员、变电站运行维护人员、调度值班人员等工作岗位的必备技能。倒闸操作是电力系统运行方式切换的重要环节,它的正确与否直接影响着电网的安全稳定运行,错误操作可能会导致设备损坏或大面积停电事故,甚至危及人的生命安全。

【相关知识】

一、倒闸操作的概念

当电气设备由一种运行状态转换到另一种运行状态或改变电力系统的运行方式时,需要进行一系列的操作,即电气设备倒闸操作。在电力系统中运行的电气设备,经常需要进行检修、调试及消除缺陷等工作,这就要改变电气设备的运行状态或改变电力系统的运行方式。发电厂和变电站的电气设备一般有以下四种状态:

(1)运行状态:设备的隔离开关及断路器均在合闸位置带电运行,继电保护及二次设备按规定投入。

(2)热备用状态:断路器在断开位置,而隔离开关仍在合闸位置,其特点是断路器一经操作即可接通电源。

(3)冷备用状态:设备的断路器及隔离开关均在断开位置。其显著特点是该设备(如断路器)与其他带电部分之间有明显的断开点。

(4)检修状态:设备的所有断路器、刀闸均在拉开位置,在有可能来电各侧装设接地线(合上接地刀闸)。

二、倒闸操作的基本要求

(1)凡属相应调度部门所管辖的一、二次设备的倒闸操作,均应按调度命令执行。

(2)电气操作分监护操作、单人操作和程序操作,监护操作由两人同时进行,其中对设备较为熟悉者作为监护人,另一人为操作人。

(3)倒闸操作必须有合格的操作票,操作时严格按操作票顺序执行。

(4)事故紧急处理、程序操作、拉合断路器(开关)的单一操作,以及拉开全站仅有的一组接地刀闸或拆除仅有的一组接地线时,可不填写操作票。

(5)尽量不影响或少影响系统的正常运行和对用户的供电。

(6)万一发生事故,影响范围应尽量小。

(7)在交接班、系统出现异常、事故及恶劣天气情况下尽量避免倒闸操作。

三、倒闸操作的注意事项

操作前要了解当前系统运行方式;送电前要检查接地线是否全部拆除、其他安全措施是否已拆除、送电设备继电保护是否正确投入;没有继电保护或不能自动跳闸的断路器不准送电;操作中发生疑问时,应立即停止操作并向发令人报告。待发令人许可后,方可进行操作。不准擅自更改操作票,不允许擅自解除五防闭锁进行操作;解锁工具(钥匙)必须封存保管,所有操作人员和检修人员严禁擅自使用解锁工具(钥匙)。若遇特殊情况,必须经值班调度员、值长或站长批准,方能使用解锁工具(钥匙)。单人操作、检修人员在倒闸操作过程中严禁解锁。如需解锁,必须待增派运行人员到现场后,履行批准手续后处理。解锁工具(钥匙)使用后应及时封存;操作中如发生误操作,应立即向上级或调度汇报,采取有效措施,降低损失,严禁隐瞒事故真相。

(一)高压断路器操作注意事项

(1)远方操作或电动操作的断路器,不允许就地强制手动合闸。

(2)扳动控制开关,不得用力过猛或操作过快,以免操作失灵。

(3)断路器合闸送电或跳闸后试送时,其他人员尽量远离断路器现场,避免因带故障合闸造成断路器损坏,发生意外。

(4)拒绝跳闸的断路器不得投入运行或列为备用。

(5)断路器操作后的位置检查应以设备实际位置为准,无法看到实际位置时,可通过设备机械位置指示、电气指示、仪表及各种信号的变化,且至少应有两个及以上指示已同时发生对应变化,才能确认该设备已操作到位。检查判断分合闸的位置有红绿灯、电流表、位置继电器、机械指示器、分合闸实际位置等。

(二)隔离开关操作注意事项

(1)操作隔离开关时,断路器必须在断开位置(倒母线操作除外)。

(2)分合隔离开关时,必须认真核对设备双重名称正确无误后,方可操作。

(3)严禁在闸刀机构箱通过按接触器操作隔离开关。

(4)手动就地操作隔离开关,合闸应迅速果断,但在合闸终了时,不得用力过猛,以免损坏机械。当合入接地、短路回路或带负荷合闸时,严禁盲目将隔离开关再次拉开。正常拉闸操作时,应慢而谨慎,特别是动、静触头分离时,如发现弧光应迅速合入,停止操作,查明原因。

(5)隔离开关分合后,应到现场检查实际位置,确认分合闸已经到位。

(6)停电操作时,当断路器断开后,应先拉负荷侧隔离开关,后拉电源侧隔离开关。送电时的操作顺序相反。

(7)在操作过程中,发现误合隔离开关时,不允许将误合的隔离开关再拉开。

四、验电操作

(1)高压验电时,操作人员必须戴绝缘手套,穿绝缘鞋。

(2)验电时,必须使用电压等级合适、试验合格的验电器。

(3)雨天室外验电时,禁止使用普通(不防水)的验电器或绝缘杆,以免其受潮闪络或沿面放电,引起人身触电。

(4)验电前,先在有电的设备上检查验电器,应确认验电器良好。

(5)在停电设备的各侧(如断路器的两侧,变压器的高、中、低三侧等),即需要短路接地的部位,分相进行验电。

五、挂(拆)接地线

(1)必须使用合格接地线,其截面面积应满足要求。

(2)挂接地线前,必须验电。装设接地线应由两人进行(经批准可以单人装设接地线的项目及运行人员除外)。

当验明设备确已无电压后,应立即将检修设备接地并三相短路。电缆及电容器接地前应逐相充分放电,星形接线电容器的中性点应接地,串联电容器及与整组电容器脱离的电容器应逐个放电,装在绝缘支架上的电容器外壳也应放电。

对于可能送电至停电设备的各方面都必须装设接地线或合上接地刀闸,所装接地线与带电部分应考虑接地线摆动时仍符合安全距离的规定。

(3)挂接地线时,操作人员必须戴绝缘手套,以免受感应电(或静电)电压的伤害;操作时,先装接地端,后挂导体端。

(4)拆除接地线时,先拆导体端,再拆接地端。

六、倒闸操作步骤

(一)准备阶段

(1)接受命令票。

(2)审查命令票。

(3)填写操作票。

(4)审查操作票。

(5)向上级或调度汇报准备就绪。

(二)执行阶段

(1)接受操作命令。

(2)模拟预演。

(3)现场操作。

(4)操作结束。

(5)向上级或调度汇报操作完毕。

【任务实施】

1. 要求

能完成操作票填写;熟悉倒闸操作顺序,完成倒闸操作任务。

2. 实施流程

(1)以学院水力发电仿真实训主接线为例,110 kV 旁路断路器 190 代替 2E 出线侧断路器 121 倒闸操作。

(2)分小组填写倒闸操作票,见表 5-1。

表5-1 110 kV 旁路断路器 190 代替 2E 出线侧断路器 121 倒闸操作票

_____变电站(发电厂)倒闸操作票

单位_____　　　　　　　　　　　编号_____

发令人		接令人		发令时间:	年　月　日　时　分
操作开始时间: 年　月　日　时　分				操作结束时间: 年　月　日　时　分	

（　）监护下操作　（　）单人操作　（　）检修人员操作

操作任务:110 kV 旁路断路器 190 代替 2E 出线侧断路器 121

顺序	操作项目	√
1	检查 110 kV 旁路母线无短路、接地等异常情况	
2	合 110 kV 隔离开关操作电源小开关	
3	查旁路断路器 190 在分闸位	
4	合 110 kV 旁路母线侧隔离开关 1902	
5	合 110 kV 旁路母线侧隔离开关 1903	
6	取下隔离开关操作电源小开关	
7	合 110 kV 旁路断路器 190 分合闸开关	
8	合 110 kV 旁路断路器 190	
9	充电 3~5 min,并查充电完毕	
10	断开旁路断路器 190	
11	查 110 kV 旁路断路器 190 在分闸位	
12	启用 110 kV 旁路断路器 190 继电保护装置,并整定为与 2E 线路一致	
13	投入 110 kV 旁路断路器 190 自动重合闸装置,并整定为与 2E 线路一致	
14	合 110 kV 旁路断路器 190	
15	查 110 kV 旁路断路器 190 在合闸位	
16	查 2E 线路出线侧接地刀闸 12140 为分闸位	
17	合旁路出线侧隔离开关操作电源小开关	
18	合 110 kV 出线侧 2E 线路旁路隔离开关 1213	
19	退 110 kV 出线侧 2E 旁路隔离开关操作小电源	
20	断 110 kV 线路侧断路器 121	
21	查 110 kV 线路侧断路器 121 在分闸位	
22	取下 110 kV 线路断路器 121 分合闸小开关	
23	退出 110 kV 线路断路器 121 继电保护装置	
24	合 110 kV 线路隔离开关操作电源小开关	

续表 5-1

顺序	操作项目	√
25	断 110 kV 线路侧隔离开关 1214	
26	断 110 kV 线路侧隔离开关 1212	
27	取下 110 kV 线路侧隔离开关操作电源小开关	
28	查 110 kV 出线侧断路器 121 与隔离开关 1214 间无残余电压	
29	在 110 kV 出线侧断路器 121 与隔离开关 1214 间挂一组接地线	
30	查 110 kV 出线侧断路器 121 与隔离开关 1212 间无残余电压	
31	在 110 kV 出线侧断路器 121 与隔离开关 1212 间挂一组接地线	
32	在 110 kV 出线 2E 侧断路器 121 挂"禁止合闸"工作牌	
33	在 110 kV 出线 2E 侧间隔周围装设围栏	
34	调整一次系统模拟图	

备注：

操作人：　　　　　监护人：　　　　　值班负责人(值长)：

（3）小组交流讨论＋指导教师指导。
（4）模拟发电厂变电站倒闸操作。
3. 考核
倒闸操作＋指导教师提问考核。

任务三　设计电气主接线

【工作任务】　设计电气主接线。
【任务介绍】　电气主接线是变电站设计的首要任务,也是构成电力系统的重要环节。电气主接线的拟定直接关系着全站电气设备的选择、配电装置的布置、继电保护和自动装置的确定,是变电站电气部分投资大小的决定性因素。该任务主要培养学生的设计能力,培养学生的团队协作能力。
【相关知识】

一、电气主接线设计的基本要求

现代电力系统是一个巨大的严密的整体,各类发电厂和变电站分工完成发电、变电、配电任务,所以电气主接线不仅影响到发电厂、变电站和电力系统本身,同时也影响到工农业生产和人民生活。因此,发电厂和变电站的主接线,必须满足以下基本要求:
（1）可靠性。安全可靠是电力生产的首要任务,保证供电可靠是电气主接线最基本的要求。可靠性是衡量系统向用户供应持续、优质电力的能力。系统因故被迫中断的可能性越小、停电影响越小、恢复供电越快,则可靠程度就越高。主接线的可靠性是相对而言的,需要和发电厂或变电站在系统中的地位和作用相匹配,选用运行可靠性高的设备,可以提高系统的可靠性,但同时也会增加投资,不能孤立地分析系统的可靠性,还要从负荷的性质和类别、设备的制造水平、经济性以及长期实践运行经验等多方面考虑。

(2)灵活性。灵活性是指电气主接线能适应各种运行状态,能灵活地进行运行方式的转换。其主要表现在操作的方便性,在满足可靠性的前提下,尽可能地使操作步骤少,便于运行人员掌握;调度的方便性,能根据调度要求方便地改变运行方式,并且在发生故障时,尽快地切除故障,使停电时间最短、影响范围最小,不致过多地影响对用户的供电和破坏系统的稳定运行;扩建的方便性,在设计主接线时,考虑发展扩建的余地,从初期接线过渡到最终接线的可能和分阶段施工的可行方案,使其尽可能地不影响连续供电或在停电时间最短的情况下顺利完成过渡方案的实施。

(3)经济性。经济性是指在可靠性和灵活性适应系统要求的情况下尽量选用投资省、费用低的方案。尽量减少设备使用数量,尤其是高压设备的使用数量。例如采取措施限制了短路电流,则可以选用价廉的轻型设备,节省投资;同时考虑尽量减少对土地资源的占用。主接线的选型和布置方式,直接影响到整个配电装置的占地面积,对于水电厂尤其要选用占用面积小的方案,以减少开挖量,缩短工期,节省投资,降低运行费用。发电厂或变电站正常运行时,电能损耗主要来自变压器。合理地选择变压器的类型、容量、数量和电压等级,尽量避免二次变压增加电能损耗。

二、电气主接线设计的基本原则

电气主接线的设计是发电厂或变电站电气设计的主体。它与电力系统、基本原始资料以及电厂运行可靠性、经济性等密切相关,并对电气设备选择和布置、继电保护和控制方式等都有较大的影响。因此,电气主接线的设计,必须结合电力系统和发电厂或变电站的具体情况,分析影响因素,合理处理它们之间的关系,经技术比较、经济比较,合理地选择主接线方案。

电气主接线设计的基本原则是以设计任务书为依据,以国家经济建设的方针、政策、技术规定、标准为准绳,结合工程实际情况,在保证供电可靠、调度灵活、满足各项技术要求的前提下,兼顾运行、维护方便,尽可能地节省投资,就近取材,力争设备元件和设计的先进性与可靠性,坚持可靠、先进、适用、经济、美观的原则。

在工程设计中,经上级主管部门批准的设计任务书或委托书是必不可少的。它将根据国家经济发展及电力负荷增长率的规划,给出所设计电厂或变电站的容量、机组台数、电压等级、出线回路数、主要负荷要求、电力系统参数和对电厂或变电站的具体要求,以及设计的内容和范围。这些原始资料是设计的依据,必须进行详细的分析和研究,从而可以初步拟订一些主接线方案。国家方针政策、技术规范和标准是根据国家实际状况,结合电力工业的技术特点而制定的准则,设计时必须严格遵循。设计的主接线应满足供电可靠、灵活、经济的要求、留有扩建和发展的余地。设计时,在进行论证分析阶段,更应合理地统一供电可靠性与经济性的关系,以便于使设计的主接线具有先进性和可行性。

三、电气主接线的设计步骤

电气主接线的设计是发电厂或变电站设计中的重要部分。按照工程基本建设程序，历经可行性研究阶段、初步设计阶段、技术设计阶段和施工设计阶段等四个阶段。在各阶段中随要求、任务的不同，其深度、广度也有所差异，但总的设计思路、方法和步骤基本相同。具体设计步骤如下。

（一）资料分析

资料分析一般包括工程的情况、电力系统的情况及电力负荷的情况。工程情况包括发电厂类型、设计规划容量、单机容量及台数、最大负荷利用小时数及可能的运行方式等。

按照国家经济发展计划、电力负荷增长速度及系统规模和电网结构以及备用容量等因素确定发电厂的容量。对发展中的电力系统，且负荷增长较快时，可优先选用较为大型的机组，但是最大单机容量的选择不宜大于系统总容量的 10%，以保证该机在检修或事故情况下系统的供电可靠性。发电厂运行方式及年利用小时数直接影响主接线设计。承担基荷为主的发电厂，设备利用率高，一般年利用小时数在 5 000 h 以上；承担腰荷者，设备利用小时数应在 3 000 ~ 5 000 h；承担峰荷者，设备利用小时数在 3 000 h 以下。不同的发电厂的工作特性有所不同。对于核电厂或单机容量 300 MW 以上的火电厂以及径流式水电厂等应优先担任基荷，相应主接线需选用以供电可靠为中心的接线形式。水电厂多承担系统调峰调相任务，根据水能利用及库容的状态可酌情担负基荷、腰荷和峰荷，因此其主接线应以供电调度灵活为中心进行接线形式选择。

电力系统情况分析包括电力系统近期及远期发展规划（5 ~ 10 年）、发电厂或变电站在电力系统中的位置（地理位置和容量位置）和作用、本期工程和远景与电力系统连接方式以及各级电压中性点接地方式等。所建发电厂的容量与电力系统容量之比若大于 15%，则该发电厂就可认为是在系统中处于比较重要地位的电厂，因为一旦全厂停电，会影响系统供电的可靠性。因此，主接线的可靠性也应高一些，即应选择可靠性较高的接线形式。

主变压器和发电机中性点接地方式是一个综合性问题。它与电压等级、单相接地短路电流、过电压水平、保护配置等有关，直接影响电网的绝缘水平、系统供电的可靠性和连续性、主变压器和发电机的运行安全以及对通信线路的干扰等。一般 35 kV 及其以下电力系统采用中性点非直接接地系统，110 kV 以上电力系统采用中性点直接接地系统。发电机中性点都采用非直接接地方式，通常采用中性点不接地方式或经消弧线圈接地方式或经接地变压器（亦称配电变压器）接地，有时为了防止过电压，有些机组还采取在中性点处加装避雷器等措施。

电力负荷情况是指负荷性质及其地理位置、输电电压等级、出线回路数及输送容量等。所设计的主接线方案，不仅要在当前是合理的，还要求在将来 5 ~ 10 年内负荷发展以后仍能满足要求。发电厂承担的负荷应尽可能地使全部机组安全满发，并按系统提出的运行方式，在机组间经济合理地分配负荷，减少母线上电流流动，使电机运转稳定和保持电能质量符合要求。此外，还要考虑当地的气温、覆冰、污秽、风向、水文、地质、海拔高度及地震等因素对主接线中电器的选择和配电装置的实施的影响。

(二)主接线方案的拟订与选择

根据设计任务书的要求,在原始资料分析的基础上,根据对电源和出线回路数、电压等级、变压器台数、容量以及母线结构等不同的考虑,可拟订出若干个主接线方案(有的还有近期的和远期的规划)。依据对主接线的基本要求,从技术上论证并淘汰一些明显不合理的方案,最终保留 2~3 个技术相当,又能满足任务书要求的方案,再进行经济比较。对于在系统中占有重要地位的大容量发电厂或变电站主接线,还应进行可靠性定量分析计算比较,最终确定出在技术上合理、经济上可行的方案。

根据发电厂、变电站和电网的具体情况,初步拟订出若干技术可行的接线方案。火力发电厂考虑减少燃料运输,一般建在动力资源较丰富的地方,如煤矿附近的坑口电厂。其电能主要是通过升压送往系统。火力发电厂装机容量大,设备年利用小时数高,在系统中拥有重要的地位和作用。热电厂一般建在城市或工业区附近,除供电还供热,电能大部分直接馈送给地方用户,剩余的电能以升高电压的形式送往电力系统,多为中小型机组。无论是火电厂还是热电厂,其电气主接线均包括发电机电压接线形式及 1~2 级的升高电压级接线形式的完整接线,且与系统联系。

当发电机机端负荷比重较大,出现回路又较多时,发电机电压接线一般采用有母线接线形式。通常容量低于 6 MW 的多采用单母线;在 12 MW 及其以上的用双母线或单母线分段;大于 25 MW 时采用双母线分段并加母线电抗器、出线电抗器;在满足地方负荷供电的前提下,对容量大于 100 MW 的机组多用单元接线或扩大单元接线,以节省设备,简化接线,且能减小短路电流。特别是采用双绕组变压器构成单元接线时,还可省去发电机出口断路器。升高电压接线形式时应根据输送容量的大小、电压等级、出线回路数及重要性等进行分析,可采用单母线分段或双母线,当出线回路较多时还应设置旁路母线;对出线回数不多、接线方案已明确的,可用桥形或者多角形接线;对于电压等级高、传递容量大、地位重要的,可选用一台半断路器接线。

水电厂多建在山区峡谷,一般距离负荷中心较远,绝大多数电能都是通过高压输电线路送入电力系统的;发电机机端负荷很小,甚至全无。水电厂装机容量是根据水能条件一次确定的,一般不考虑扩建。水轮发电机启动迅速、方便,常用于系统的事故和检修备用,或担负系统的调频、调相任务,故水电厂的负荷曲线变化较大,机组开停频繁,要求接线具有较好的灵活性。

为了便于实现水电厂的自动化和远动化,应尽可能地避免具有烦琐倒换操作的接线形式,避免把隔离开关作为操作电器。鉴于水电厂所处地理位置,应尽量简化接线,减少变压器和断路器的数量,使配电装置布置紧凑,以减小占地面积,减少土石方的开挖量和回填量。为了简化接线和布置,中小型水电站应优先选用 1~2 级输出电压和较少出线的接线方式。

根据以上特点,水电厂的主接线常采用单元接线、扩大单元接线。当进出线回路数不多时,宜采用桥接和多角形接线;当回路数较多时,可根据电压等级、传输容量重要程度等选用单母线分段、双母线、双母线带旁路和一台半断路器接线。

对于变电站,通常主接线的高压侧应采用使用断路器少的接线方式,以节省投资,减小占地面积。随出线回路数的不同,可采用桥形、单母线、双母线及多角形等接线形式。

如果电压为超高压等级,又是重要的枢纽变电站,宜采用双母线分段带旁路母线或一台半断路器接线形式。变电所的低压侧常采用单母线分段或双母线接线,以便于扩建。

在主接线方案拟订时,对方案的选择比较从技术上应考虑如下几个问题:

(1)保证系统运行的稳定性,不应在本厂发生故障时造成系统的瓦解。

(2)保证供电的可靠性及电能质量,特别是对重要负荷的供电可靠性。

(3)运行的安全和灵活性。包括调度灵活、检修操作安全方便,设备停运或检修时影响范围小。

(4)自动化程度。

(5)电气设备制造水平、质量和新技术的应用。

(6)扩建容易等。

为了简化线路和电气布置,中小型水电站应优先选用1～2级输出电压和出线较少的接线方式;主变压器(简称主变)一般以不超过2台为宜。当出线输出电压为2级时,可优先考虑三绕组变压器或再加一台双绕组变压器。而对重要的变电站来说,可以采用两台三绕组变压器并联运行。

升压侧接线形式的选择主要看出线回路数、主变台数以及是否有穿越功率而定。中小型水电站容量小、机组台数少、电压等级低且出线回路数也少,宜采用单元接线、桥形接线、单母线接线或带旁路接线等;大型发电厂、变电站由于容量大、电压等级高且多级、出线回路数也较多,宜采用供电可靠性高、运行灵活的单母线带旁路、双母线或双母线带旁路、3/2 接线等。

发电机电压侧接线方式应根据机组和主变台数、容量、有无重要的近区负荷以及工程分期投入的情况而定。中小型水电站一般采用单元接线、单母线接线或分段单母线接线;大型发电厂由于机组容量大,考虑到供电可靠性、发电机电压侧接线设备的容量、复杂性以及大型变压器的制造、运输等问题,一般采用单元接线。

另外,对于发电厂、变电站来说,还要考虑继电保护及二次接线的复杂性等。最终根据发电厂、变电站在系统中的地位和作用、电压等级的高低、容量的大小、穿越功率的大小和负荷的性质等方面来进行分析论证。

(三)主变压器的选择

变压器是发电厂和变电站中主要的设备之一,它在电气设备的投资中所占比例大,由于变压器的运行可靠性高,发生故障的概率小,检修周期长,损耗低,所以在选择时一般不考虑主变压器的备用。

1. 主变压器台数的选择

主变压器台数的选择与发电厂(变电站)的接入方式、机组台数、容量及基本接线方式密切相关,大体上要求主变应与其他的各个环节的可靠性相一致。

两台变压器联合运行的可靠性已相当高,可用于中小型水电站和变电站。其运行可以分为两台同时运行和一台运行一台退出的运行方式,运行方式灵活;此外,两台主变对工程分期过渡有利,特别对变电站来说,主变台数还要考虑中远期负荷发展。一般主变采用两台分期投入的办法,避免主变在运行初期的容量积压和资金积压以及长期处于低负荷和低效率下的运转。

因此,在中小型水电站、变电站中,一般主变压器的台数取 1~2 台。在大中型发电厂中,为了保证运行可靠性和灵活性,通常采用发电机—变压器单元接线或两台发电机—变压器的扩大单元接线,此类电厂的主变压器台数往往在 2 台及其以上。

2. 主变压器容量的选择

由于变压器有较高的可靠性,一般情况下不考虑主变的事故备用容量,通常可按照以下方法选择:

(1)发电机—变压器单元接线中,主变容量应与所接的发电机的容量相匹配;扩大单元接线的主变压器的容量应不小于扩大单元发电机总的视在功率。

(2)接于发电机汇流主母线上的一台主变,其容量应为该母线上发电机的总容量扣除接于该母线上的近区负荷的最小值。

(3)接于发电机汇流母线上的两台并联运行的主变,其总容量也按上述原则选择。由于并联运行的变压器的功率分配与变比、短路阻抗有关,因此两台主变应尽量采用同型号、同容量甚至同厂家的同一批产品。

(4)接于发电机汇流母线上的两台非并列运行的主变,一台与电网相连,另一台接负荷。第一台主变的容量应为接于该母线的发电机总容量减去另一台主变与近区变的最小负荷之和,另一台主变的容量则按所送最大的视在功率确定。

(5)梯级联合开发的中心水电站,其主变容量应在考虑本站后再加上由其他梯级电站转送来的最大功率。

最后,实际选择的变压器容量是在按上述原则选择的基础上取相近并稍大的标准值。

3. 主变压器形式的选择

中小型水电站只有一个升高电压等级时,主变宜采用三相普通油浸式双绕组电力变压器,常规连接组别有 Y,d11 或 YN,d11。当有两个升高电压等级时,优先选择三绕组变压器,若其中一侧的计算负荷过小(一般小于其额定容量的 15%),为了避免变压器绕组容量浪费,一般不采用三绕组而采用两台双绕组变压器更为经济合理。

变压器的运行可靠性高,发生故障的概率小,所以一般不考虑备用。对于两台联合运行的变压器,其可靠性已经相当高了。此外,变压器单位容量的造价随单机容量的增加而下降,故应尽量减少使用变压器的台数,选取大容量的变压器。中小型的发电厂、变电站一般主变压器的台数不多于两台;弱联系的中小型电厂和低压侧为 6~10 kV 的变电站或与系统联系只是备用性质时,可只装一台主变压器;联络变压器为了布置和引线方便,通常只选一台;与系统强联系的大中型发电厂和枢纽变电站,在一种电压等级下主变压器应不少于两台;地区性孤立的一次变电站或大型工业专用变电站,可设三台主变压器。

主变压器的容量确定原则:单元接线时,变压器的容量应按照发电机的额定容量扣除本机组的厂用负荷后,留 10% 的裕量来确定,扩大单元接线的变压器容量应不小于扩大单元发电机总的视在功率;接在发电机汇流母线上的单台主变压器,其容量应按发电机的总容量扣除该母线上近区负荷的最小值确定;接在发电机母线上的主变压器在两台及以上时,总容量也应按总发电量减去近区负荷的最小值确定,且发电机电压母线上最大一台机组检修时,主变压器应能从电力系统倒送功率,保证发电机电压母线上最大负荷需要。当容量最大的一台主变压器检修时,其他主变压器应至少能输出母线剩余功率的70%;联络变压器的容量一般不应小于两种电压等级上最大一台机组的容量。

主变压器形式的分类方法主要包括相数(单相、三相)、绕组数(双绕组、三绕组、自耦式、低压绕组分裂式)、连接组别(Y,d11 或 YN,d11)、调压方式(无激磁调压、有载调压)、冷却方式等。对 330 kV 及其以下的变压器,一般都采用三相变压器;若受到运输条件限制,可采用单相变压器组。对于 500 kV 及其以上的,除考虑运输条件外,更要综合负荷和系统情况、技术、经济性要求来确定。若电厂有两个升高电压等级,可优先考虑用三绕组变压器来实现高、中、低压侧的功率传递,以满足电网在不同功率运行状况下的潮流分布要求,提高供电的可靠性和灵活性,减少电能损耗。但必须保证三绕组变压器每一侧通过的容量都大于其额定容量的 15%,否则,则不如使用两台双绕组变压器经济合理。我国110 kV 及其以上电压变压器绕组采用 YN 接线;35 kV 采用 Y 接线,中性点多经消弧线圈接地;低于 35 kV 采用 D 接线。关于调压方式,多采用无激磁调压。因有载调压结构复杂、价格较贵,仅用于潮流变化大且要求母线电压恒定的场合。

(四)短路电流计算和主要电气设备选择

为了选择合理的电气设备,需根据拟定的电气主接线进行短路电流计算。按设计原则对隔离开关、互感器、避雷器等进行配置,并选择断路器、隔离开关、母线等的型号规格。

(五)绘制电气主接线图

对最终确定的主接线方案,按工程要求绘制工程图。

【任务实施】

1. 任务

设计某变电站电气主接线。

(1)电力系统接线图如图 5-13 所示。

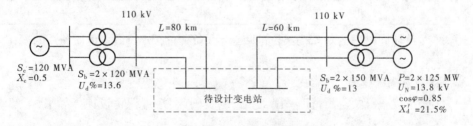

图 5-13 电力系统接线图

(2)系统情况。

待设计变电站与系统连接的 110 kV 单回线路的最大输出功率不大于 50 MW,与发电厂连接的 110 kV 单回线路的最大输出功率不大于 45 MW。$\cos\varphi = 0.85$,$T_{\max} = 5\,300$ h。

(3)负荷数据。

①35 kV 侧负荷相关参数见表 5-2。

表 5-2　35 kV 侧负荷相关参数

负荷名称	最大负荷(kW)	回路数	供电方式	线路长度(km)	功率因数
变电站甲	10 000	2	架空	18	0.85
变电站乙	15 000	2	架空	20	0.85
用户 A	15 000	1	架空	15	0.90
用户 B	8 000	1	架空	16	0.85
用户 C	5 000	1	架空	10	0.90

35 kV 侧负荷同时率为 0.85,最小负荷是最大负荷的 70%,最大负荷利用时间 T_{max} = 5 500 h。110 kV 侧负荷同时率为 0.9,待设计变电站的负荷年增长率为 7%,地区温度:最高温度 +40 ℃,最热月平均最高温度 +30 ℃,最低温度 −6 ℃,年平均温度 +20 ℃。

②10 kV 侧负荷相关参数见表 5-3。

表 5-3　10 kV 侧负荷相关参数

负荷名称	最大负荷 (kW)	回路数	供电方式	线路长度 (km)	功率因数
配电站甲	2 000	1	电缆	2	0.85
配电站乙	1 000	1	架空	8	0.85
用户 D	800	1	架空	6	0.90
用户 E	2 000	2	电缆	3	0.90
用户 F	500	1	架空	9	0.90
用户 G	2 000	2	架空	12	0.85
用户 H	1 000	2	架空	10	0.90

10 kV 侧负荷同时率为 0.85,最小负荷是最大负荷的 70%,最大负荷利用时间 T_{max} = 5 000 h。

2.任务实施流程

(1)学生在接到《课程设计任务书》之后,认真阅读,根据课程设计指导书,了解设计的目的、内容和基本要求。

(2)明确任务要求,制定任务目标。

(3)方案设计:要求至少设计两种不同的方案,并进行技术经济比较。

(4)设计成果:按要求画电气主接线图。

3.小组交流讨论

小组代表上台阐述设计方案,组织全班同学进行交流讨论、互评。

4.考核

考核前,学生应做好准备,针对设计所涉及的基本理论、概念、方法应牢固掌握,设计步骤、方案论证、问题解决、结果分析等进行归纳整理,教师将根据学生在设计中的表现、设计成果、答辩情况,综合评定成绩。

任务四 分析厂用电接线形式

【工作任务】 分析厂用电接线形式。

【任务介绍】 在发电厂和变电站中,不管是电气运行值班人员还是变电站运行维护人员,都必须熟练掌握各种类型电气主接线的优缺点及适用范围,主接线是发电厂和变电站最核心的基础内容,电气运行倒闸操作、事故处理都必须在熟练掌握不同类型主接线的前提下进行。而发电厂及变电站交流厂用电系统承担着对主设备的辅助设备供电的任务,因此厂用电系统的接线形式、供电可靠性对安全稳定运行尤为重要。厂用电设计力求生产安全、节约能源和运行灵活可靠。

【相关知识】

一、厂用电和厂用电率

发电厂在生产电能的过程中,一方面向电力系统输送电能,另一方面发电厂本身也在消耗电能。在发电厂中有大量由电机拖动的机械设备,用以保证发电机组的主要设备的正常运行,这些电动机以及全厂的运行、操作、试验、检修、照明用电设备都属于厂用负荷,这些负荷总的耗电量统称为厂用电。

厂用电的电量主要由发电厂本身供给,其耗电量与电厂类型、机械化程度和自动化程度等因素有关。在一定时间内,如一个月或一年内,厂用电的用电量占发电厂总发电量的百分数,称为发电厂的厂用电率,用 K_{cy} 表示,即

$$K_{cy} = \frac{A_{cy}}{A_{fc}} \times 100\% \tag{5-1}$$

式中 K_{cy}——厂用电率(%);

A_{cy}——厂用电的用电量,kWh;

A_{fc}——发电厂的总发电量,kWh。

厂用电率是发电厂运行的主要经济指标之一,降低厂用电率可以降低发电厂的发电成本,同时相应地增大了对系统的供电量,因此运行中要"少用多发",提高发电厂的经济效益。发电厂的厂用电率与发电厂的类型、自动化程度等因素相关。一般凝汽式火电厂的厂用电率为5%~8%,热电厂的厂用电率为8%~10%,水电厂的厂用电率为0.3%~2%。降低厂用电率对提高发电厂的经济效益有重要意义,不仅可以降低发电成本,同时也能相应地增大对电力系统的供电能力。

二、火电厂的主要厂用负荷

(1)输煤部分:煤场抓煤机、链斗运煤机、输煤皮带、碎煤机、筛煤机等。

(2)锅炉部分:磨煤机、给粉机、吸风机、送风机、排粉机、回转式空气预热器等。

(3)汽机部分:凝结水泵、循环水泵、给水泵、热网水泵、热网凝结水泵、工业水泵、疏水泵等。

（4）除灰部分：冲灰水泵、灰浆泵、碎渣机、电气除尘器等。

（5）电气部分：变压器冷却风机、变压器强油水冷电源、蓄电池组充电及浮充电装置、备用励磁电源等。

（6）其他公用部分：化学水处理设备、中央修配厂、起重机械、照明等。

三、水电厂的主要厂用负荷

（1）机组自用电部分：调速器系统油压装置油泵、机组轴承冷却循环水（油）泵、水内冷机组冷却水泵、水内冷循环水泵、水轮机顶盖排水泵、机组漏油泵、主变压器冷却设备、励磁系统冷却风扇。

（2）全厂公用电部分：厂房吊车、快速闸门启闭设备、闸门室吊车、尾水闸门吊车、蓄电池组充电及浮充电装置、空气压缩机、渗漏排水泵、检修排水泵、中央修配厂、滤油机、全厂照明等。

四、厂用负荷按重要性分类

根据厂用负荷在发电厂运行中所起的作用及其供电中断对人身、设备和生产所造成的影响程度，可将其分为下列四类：

（1）Ⅰ类厂用负荷。凡短时（包括手动切换恢复供电所需的时间）停电，可能影响人身和设备安全，使主设备生产停顿或发电量大量下降的负荷，如火电厂的给水泵、凝结水泵、循环水泵、吹风机、送风机、给粉机、主变压器的强油水冷电源等，水电厂的水轮发电机组的调速和润滑油泵、空气压缩机等，都属于Ⅰ类厂用负荷。接有Ⅰ类负荷的厂用电母线，应由两个独立电源供电，当一个电源断电后，另一个电源应立即自动投入，即两个电源之间自动切换。

（2）Ⅱ类厂用负荷。允许短时（几秒钟至几分钟）停电，但停电时间过长可能损坏设备或影响机组正常运行的厂用负荷，属于Ⅱ类厂用负荷。如火电厂的工业水泵、疏水泵、灰浆泵、输煤设备和化学水处理设备等，以及水电厂中的大部分电动机。接有Ⅱ类负荷的厂用电母线，也应由两个独立电源供电，两个电源之间一般采用手动切换。

（3）Ⅲ类厂用负荷。长时间（几小时甚至更长时间）停电，不会直接影响生产的负荷，属于Ⅲ类厂用负荷。如中央修配厂、实验室、油处理室等用电设备。对于Ⅲ类负荷，一般由一个电源供电。

（4）事故保安负荷。在事故停机过程中及停机后的一段时间内，仍应保证供电，否则可能引起主要设备损坏、重要的自动控制失灵或危及人身安全的负荷，如汽轮机的盘车电动机、发电机组的直流润滑油泵等。根据对电源的不同要求，事故保安负荷又分为以下三种：

①直流保安负荷，由蓄电池组供电，如发电机的润滑油泵、事故照明等。

②交流保安负荷，一般由接于蓄电池组的逆变装置供电，如实时控制用计算机。

③允许短时停电的交流保安负荷，如200 MW机组的盘车电动机。厂用电中断时，必须保证给事故保安负荷供电，对大容量机组应设置事故保安电源。

五、厂用电接线的基本要求

对厂用电接线的基本要求是必须遵循国家的有关法律、法规和方针政策,针对工程的具体情况,积极采用新技术、新工艺、新材料和新设备,做到运行安全可靠,保证连续供电,运行、检修、操作和发展要方便灵活,技术先进,设备新颖,并且经济合理。具体来说,厂用电接线应满足下列要求:

(1)各机组的厂用电系统应该是相互独立的。一台机组的故障停运或其辅机的电气故障,不应该影响其他机组的正常运行,并能在短时间内恢复本机组的运行。

(2)接线方式和电源容量,应满足厂用设备在正常、事故、检修和启动等运行方式下的供电要求,应配备有可靠的备用启动电源,且工作电源与备用电源之间切换操作要简便。

(3)对200 MW及其以上的大型机组,应设置足够容量的交流事故保安电源以应对当全厂停电时,快速启动和自动投入向保安负荷供电,另外,还要设计符合电能质量指标的交流不间断供电电源(UPS)以保证不允许间断供电的热工保护及计算机等负荷的供电。

六、厂用电供电电压的确定

发电厂的厂用电负荷主要是电动机和照明。给厂用负荷供电的电压,主要取决于厂用负荷的电压、供电网络、发电机组的容量和额定电压等因素。

由于目前生产的电动机,电压为380 V时,额定功率在300 kW以下;3～6 kV时,最小额定功率分别为75 kW和200 kW;1 000 kW及其以上的电动机,电压一般为6 kV或10 kV。同功率的电动机,一般当电压高时,尺寸和质量大,价格高、效率低、功率因数也低。但从供电网络方面来看,电压高时可以减小供电电缆的截面面积,减少变压器和线路等元件的电能损耗,使年运行费用减小。所以,发电厂中厂用电动机的功率范围很大,可从几瓦到几千千瓦。发电机组容量愈大,所需厂用电动机的功率也愈大,因此选用一种电压等级的电动机,往往不能满足要求。

经过综合比较,为了给厂用电动机和照明供电,厂用电供电电压一般选用高压和低压两级。我国有关规程规定,火电厂可采用3 kV、6 kV、10 kV作为高压厂用电的电压。发电机单机容量为60 MW及其以下、发电机电压为10.5 kV时,可采用3 kV;容量为100～300 MW的机组,宜采用6 kV;容量为300 MW以上的机组,当技术经济合理时,也可采用两种高压厂用电电压。

火电厂低压厂用电电压,动力宜采用380 V,照明采用220 V。200 MW以上的机组,主厂房内的低压厂用电系统应采用动力与照明分开供电的方式。其他可采用动力和照明共用的380/220 V网络供电。

低压厂用电系统中性点宜采用高电阻接地方式,以三相三线制供电,也可采用动力和照明网络共用的中性点直接接地方式。

当厂用电压为6 kV时,200 kW以上的电动机宜用6 kV,200 kW以下宜用380 V。当厂用电压为3 kV时,100 kW以上的电动机宜采用3 kV,100 kW以下者宜采用380 V。

对于水电厂,由于水轮发电机组辅助设备使用的电动机功率不大,一般只用 380/220 V 一级电压,采用动力和照明共用的三相四线制系统供电。但坝区和水利枢纽,距厂区较远,且有些大型机械需要另设专用变压器,可由 6 ~ 10 kV 供电。

当发电机额定电压与厂用高压一致时,可由发电机出口或发电机电压母线直接引线取得厂用高压。为了限制短路电流,引线上可加装电抗器。当发电机额定电压高于厂用高压时,则用高压厂用降压变压器,简称高厂变,取得厂用高压。380/220 V 厂用低压,则用低压厂用降压变压器取得。

七、厂用母线的接线方式

发电厂的厂用电系统,通常采用单母线接线。在火电厂中,因为锅炉的辅助设备多、容量大,所以高压厂用母线都按锅炉台数分段。凡属同一台锅炉的厂用电动机,都接在同一段母线上。与锅炉同组的汽轮机的厂用电动机,一般也接在该段母线上,但每台汽轮机组有两台循环水泵和两台凝结水泵时,因其中一台纯属备用,允许分别接在不同分段上。锅炉容量在 400 ~ 1 000 t/h 时,每台锅炉应由两段母线供电,并将相同两套辅助设备的电动机分别接在两段母线上。锅炉容量在 1 000 t/h 以上时,每一种高压厂用的母线应为两段。

厂用母线按锅炉分段的优点如下:

(1)一段母线故障时,仅影响一台锅炉运行。

(2)锅炉的辅助机械可与锅炉同时检修。

(3)因各段母线分开运行,故可限制厂用电路内的短路电流。

低压厂用母线,当锅炉容量在 230 t/h 及其以下时,一般也按机炉数对应分段,并用闸刀开关将母线分为两段;当锅炉容量在 400 t/h 及其以上时,每台机炉一般由两段母线供电,两段母线可由同一台变压器供电。锅炉容量为 1 000 t/h 时,每段母线可由一台变压器供电。

当公用负荷较多,容量又较大时,如果采用集中供电方式合理,则可设置公用母线段,但应保证重要公用负荷的供电可靠性。

当厂用接线为单母线接线时,高压采用成套配电装置,低压采用配电盘,这样不仅工作可靠,运行维护也比较方便。

八、厂用供电电源及其引接方式

发电厂的厂用电电源,必须供电可靠,除有正常工作电源外,应设有备用电源或启动电源。对机组容量在 200 MW 及其以上的发电厂,还应设置交流事故保安电源,以满足厂用电系统在各种工作状态下的要求。

(一)工作电源

工作电源是保证各段厂用母线正常工作时的电源,它不但要保证供电的可靠性,而且要能满足该段厂用负荷功率和电压的要求。由于发电厂都接入电力系统运行,所以厂用高压工作电源,广泛采用由发电机电压回路引接的方式。这种引接方式的优点,是在发电机组全部停止运行时,仍能从电力系统取得厂用电源,并且操作简便,费用较低。

厂用高压工作电源从发电机回路引接的方式,与发电厂主接线的情况有关。当有发电机电压母线时,由各段母线引接,供给接在该段母线上的机组的厂用负荷,如图 5-14(a)、(b)所示。当发电机和主变压器采用单元接线时,厂用工作电源可从主变压器低压侧引接,如图 5-14(c)所示。当发电机和主变压器采用扩大单元接线时,厂用工作电源可从发电机出口或主变压器低压侧引接,如图 5-14(d)中的实线或虚线所示。

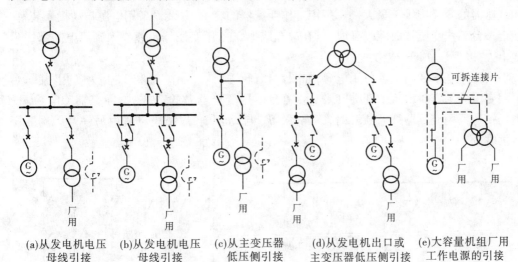

(a)从发电机电压　(b)从发电机电压　(c)从主变压器　(d)从发电机出口或　(e)大容量机组厂用
　母线引接　　　　母线引接　　　低压侧引接　　主变压器低压侧引接　工作电源的引接

图 5-14　厂用工作电源的引接方式

厂用工作电源分支上一般应装设断路器,但机组容量较大时,由于断路器的开断能力不足,往往选不到合适的断路器。此时,可用负荷开关或用断路器只断开负荷电流,不断开短路电流来代替,也可用隔离开关或可拆连接片代替,但此时工作电源回路故障时需停机。对于容量为 200 MW 及其以上的发电机组,当厂用分支采用分相封闭母线时,因故障概率较小,可不装断路器,但应有可拆连接点,以便于检修或试验,如图 5-14(e)所示。

厂用低压工作电源,由厂用高压母线段引接到厂用低压变压器取得。小容量发电厂,也可从发电机电压母线或发电机出口直接引接到厂用低压变压器取得。

(二)备用电源或启动电源

厂用备用电源是指在事故情况下失去工作电源时,保证给厂用供电的备用电源,故称事故备用电源。因此,要求备用电源供电应可靠,并有足够大的容量。

启动电源是指在厂用工作电源完全消失的情况下,保证使机组快速启动时,向必需的辅助设备供电的电源。因此,启动电源实质上是一个备用电源,不过对供电的可靠性要求更高。

高压厂用备用电源或启动电源,可采用下列引接方式:

(1)当有发电机电压母线时,由该母线引接 1 个备用电源。

(2)当无发电机电压母线时,由升高电压母线中电源可靠的最低一级电压母线或由联络变压器的低压绕组引接,保证在全厂停电的情况下,能从外部电力系统取得足够的电源。

(3)当技术经济合理时,可由外部电网引接专用线路供给。

低压厂用备用变压器,由高压厂用母线上引接,但应尽量避免与低压厂用工作变压器接在同一段高压厂用母线上。

厂用备用电源有明备用和暗备用两种方式。明备用是专门设置一备用电源,如图 5-15(a)所示接线中变压器 T_3,一般编为 $0^\#$ 厂用变压器。正常运行时,断路器 QF_3、QF_4、QF_5 都是断开的。任一台厂用工作变压器 T_1 或 T_2 故障时,它都能代替工作。$0^\#$ 备用变压器的容量应等于最大一台厂用工作变压器的容量,并装设备用电源自动投入装置,使当某台工作变压器故障断开时,可有选择地把 $0^\#$ 备用变压器迅速投入到停电的那段母线上去,以保证立即恢复供电。

暗备用是不专门设置备用电源,如图 5-15(b)所示。图中 T_1 和 T_2 互为备用,使每台厂用变压器的容量增大。正常工作时,两台厂用变压器都投入工作,断路器 QF_5 断开。当任一台厂用变压器故障断开时,断路器 QF_5 自动合闸,故障段母线由另一台厂用变压器供电。

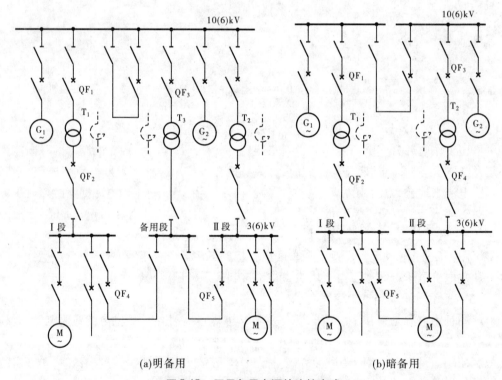

(a)明备用　　　　　　　　　　　　(b)暗备用

图 5-15　厂用备用电源的连接方式

大中型发电厂一般采用明备用方式,这样可以减小厂用变压器的容量。高压厂用工作变压器的数量在 6 台及其以上时,可增设第二台厂用备用变压器;容量为 100~125 MW 的发电机组采用单元控制,高压厂用工作变压器的数量在 5 台及其以上时,可增设第二台厂用备用变压器;容量为 200~300 MW 的机组,工作变压器的数量超过 3 台时,每两台机组可设一台备用变压器。低压厂用工作变压器的数量在 8 台及其以上时,可增设第二台低压备用变压器;容量在 200 MW 的机组,每两台机组可设一台低压厂用备用变压器。300 MW 及其以上机组,也可每台机组设一台低压厂用备用变压器。

九、变电站的厂用电

变电站的厂用电负荷很少,主要负荷是变压器的冷却设备以及其他一些用电负荷,如强迫油循环冷却装置的油泵、水泵、风扇等,变压器油的油处理设备,蓄电池组的充电设备或整流操作电源,空气断路器用的空气压缩机,采暖通风、照明及检修用电等。故一般变电站所用电变压器的容量仅为 50~315 kVA,中小型变电站用 20 kVA 变压器即能满足要求。变电站所用接线很简单,一般用一台所用变压器,自变电站中最低一级电压母线引接电源,副边采用 380/220 V 中点直接接地的三相四线制系统,用单母线接线,供电给所用电负荷。

大容量变电站,所用电较多,一般装设两台所用变压器。两台所用变压器分别接到变电站最低一级电压母线的不同分段上,380/220 V 侧采用分为两段的单母线接线。

【任务实施】

1. 要求

分析某电厂厂用电接线,各小组自备图纸或由教师提供。

2. 实施流程

(1)选定某发电厂或变电站厂用电接线图。

(2)分析该大型水电厂厂用电接线设计是否合理,厂用负荷分配是否正确,厂用备用电源的备用方式等重点问题。

(3)小组讨论 + 指导教师指导,完成厂用电接线分析。

3. 交流讨论

组织全班同学进行小组交流讨论。

4. 考核

小组考核 + 指导教师考核。

项目六　电气设备的选择

【项目介绍】
电气设备的选择是直接关系到电网运行安全和供电企业经济效益的重要工作,短路电流计算是电气设备选择的重要前提,为电气设备的机械稳定性和热稳定性的校验提供依据,为断路器遮断容量的计算提供依据。通过本项目的学习,为学生从事电气运行、电气设计等工作奠定基础。

【学习目标】
1. 熟悉短路的类型及危害。
2. 掌握短路电流的计算。
3. 掌握电气设备的选择。

任务一　短路电流计算

【工作任务】　短路电流计算。

【任务介绍】　短路电流计算是电气设备选择的重要前提,该任务要求学生掌握短路的类型,理解短路的原因及危害,掌握短路电流计算的基本方法,为从事电气工程设计、电气运行故障分析及处理奠定理论基础。

【相关知识】

一、短路的基本概念

(一)短路的类型

在电力系统的运行过程中,时常会发生故障,如短路故障、断线故障等。其中,大多数是短路故障(简称短路)。所谓短路,是指电力系统正常运行情况以外的相与相之间或相与地(或中性线)之间的连接。在正常运行时,除中性点外,相与相或相与地之间是绝缘的。表6-1所示为三相系统中短路的基本类型。三相系统中发生的短路有4种基本类型:三相短路、两相短路、单相接地短路和两相接地短路。其中,除三相短路时三相回路依旧对称,因而又称为对称短路外,其余三类均属不对称短路。在中性点接地的电力网络中,以一相对地的短路故障最多,约占全部故障的90%。

产生短路的主要原因是电气设备载流部分的相间绝缘或相对地绝缘被损坏。例如,架空输电线的绝缘子可能由于受到过电压(例如由雷击引起)而发生闪络或由于空气的污染使绝缘子表面在正常工作电压下放电。再如其他电气设备,发电机、变压器、电缆等的载流部分的绝缘材料在运行中损坏、鸟兽跨接在裸露的导线载流部分,以及大风或导线覆冰引起架空线路杆塔倒塌所造成的短路也是屡见不鲜的。此外,运行人员在线路检修后未拆除地线就加电压等误操作也会引起短路故障。电力系统的短路故障大多数发生在架空线路部分。总之,产生短路的原因有客观的,也有主观的,只要运行人员加强责任心,严格按规章制度办事,就可以把短路故障的发生控制在一个很低的限度内。

表6-1　三相系统中短路的基本类型

短路种类	短路类型	示意图	符号	发生概率
对称短路	三相短路		$f^{(3)}$	5%
不对称短路	单相接地短路		$f^{(1)}$	10%
	两相短路		$f^{(2)}$	65%
	两相接地短路		$f^{(1,1)}$	20%

(二)短路的危害

短路对电力系统的正常运行和电气设备有很大的危害。在发生短路时,电源供电回路的阻抗减小以及突然短路时的暂态过程,使短路回路中的短路电流值大大增加,可能超过该回路的额定电流许多倍。短路点距发电机的电气距离愈近(阻抗愈小),短路电流愈大。例如,在发电机机端发生短路时,流过发电机定子回路的短路电流最大瞬时值可达发电机额定电流的 $10\sim15$ 倍。在大容量的系统中短路电流可达几万甚至几十万安培。短路点的电弧有可能烧坏电气设备。短路电流通过电气设备中的导体时,一方面,其热效应会引起导体或其绝缘的损坏。另一方面,导体也会受到很大的电动力的冲击,致使导体变形,甚至损坏。因此,各种电气设备应有足够的热稳定度和动稳定度,使电气设备在通过最大可能的短路电流时不致损坏。

短路还会引起电网中电压降低,特别是靠近短路点处的电压下降得最多,结果可能使部分用户的供电受到破坏。图6-1中所示为一简单供电网在正常运行时和在不同地点

(f_1 和 f_2)发生三相短路时各点电压变化的情况。折线 2 表示 f_1 点短路后的各点电压。f_1 点代表降压变电站的母线,其电压降至零。由于流过发电机和线路 L－1、L－2 的短路电流比正常电流大,而且几乎是纯感性电流,因此发电机内电抗压降增加,发电机端电压下降。同时短路电流通过电抗器和 L－1 引起的电压降也增加,以致配电站母线电压进一步下降。折线 3 表示短路发生在 f_2 点时的情形。电网电压的降低使由各母线供电的用电设备不能正常工作,例如作为系统中最主要的电力负荷异步电动机,它的电磁转矩与外施电压的平方成正比,电压下降时电磁转矩将显著降低,使电动机转速减慢甚至完全停转,从而造成产品报废及设备损坏等严重后果。

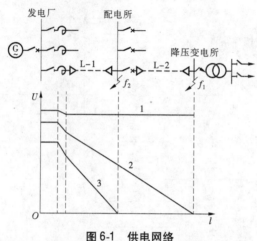

图 6-1　供电网络

系统中发生短路相当于改变了电网的结构,必然引起系统中功率分布的变化,则发电机输出功率也相应地变化。在图 6-1 中,无论是 f_1 还是 f_2 点短路,发电机输出的有功功率都要下降。但是发电机的输入功率是由原动机的进汽量或进水量决定的,不可能立即变化,因而发电机的输入功率和输出功率不平衡,发电机的转速将发生变化,这就有可能引起并列运行的发电机失去同步,破坏系统的稳定,引起大片地区停电。这是短路造成的最严重的后果。

不对称接地短路所引起的不平衡电流产生的不平衡磁通,会在临近的平行的通信线路内感应出相当大的感应电动势,造成对通信系统的干扰,甚至危及设备和人身的安全。

为了减少短路对电力系统的危害,可以采取限制短路电流的措施,例如图 6-1 中所示的在线路上装设电抗器。但是最主要的措施是迅速将发生短路的部分与系统其他部分隔离。例如,在图 6-1 中 f_1 点短路后可立即通过继电保护装置自动将 L－2 的断路器迅速断开,这样就将短路部分与系统分离,发电机可以照常向直接供电的负荷和配电所的负荷供电。由于大部分短路不是永久性的而是短暂性的,也就是说,当短路处和电源隔离后,故障处不再有短路电流流过,则该处可以重新恢复正常,因此现在广泛采取重合闸的措施。所谓重合闸,就是当短路发生后断路器迅速断开,使故障部分与系统隔离,经过一定时间再将断路器合上。对于短暂性故障,系统就因此恢复正常运行,如果是永久性故障,断路器合上后短路仍存在,则必须再次断开断路器。

短路问题是电力技术方面的基本问题之一。在电厂、变电站以及整个电力系统的设计和运行工作中,都必须事先进行短路计算,以此作为合理选择电气接线、选用有足够热稳定度和动稳定度的电气设备及载流导体、确定限制短路电流的措施、在电力系统中合理地配置各种继电保护并整定其参数等的重要依据。因此,掌握短路发生以后的物理过程以及计算短路时各种运行参量(电流、电压等)的计算方法是非常必要的。

供电网络中发生短路时,很大的短路电流会使电气设备过热或受电动力作用而遭到损坏,同时使网络内的电压大大降低,因而破坏了网络内用电设备的正常工作。为了消除或减轻短路的后果,就需要计算短路电流,以正确地选择电气设备、设计继电保护和选用限制短路电流的元件。

(三)计算短路电流的目的

计算短路电流的目的是限制短路的危害和缩小故障的影响范围。在变电站和供电系统的设计和运行中,基于如下用途必须进行短路电流的计算:

(1)选择电气设备和载流导体,必须用短路电流校验其热稳定性和动稳定性。

(2)选择和整定继电保护装置,使之能正确地切除短路故障。

(3)确定合理的主接线方案、运行方式及限流措施。

(4)保护电力系统的电气设备在最严重的短路状态下不损坏,尽量减少因短路故障产生的危害。

(四)短路电流计算的假设条件

(1)假设系统有无限大的容量,用户处短路后,系统母线电压能维持不变,即计算阻抗比系统阻抗要大得多。

具体规定:对于 3~35 kV 级电网中短路电流的计算,可以认为 110 kV 及其以上的系统的容量为无限大,只需计算 35 kV 及其以下网络元件的阻抗。

(2)在计算高压电器中的短路电流时,只需考虑发电机、变压器、电抗器的电抗,而忽略其电阻;对于架空线和电缆,只有当其电阻大于电抗 1/3 时才需计入电阻,一般也只计电抗而忽略电阻。

(3)短路电流计算公式或计算图表,都以三相短路为计算条件。因为单相短路或两相短路时的短路电流都小于三相短路电流,能够分断三相短路电流的电器,一定能够分断单相短路电流或两相短路电流。

(五)用标幺值计算短路电流的步骤

(1)选择基准容量(100 MVA)、基准电压(元件所在电压等级的平均额定电压),计算短路点的基准电流。

(2)绘制短路回路的等效电路(取消了变压器的标幺制阻抗网络图)。

(3)计算短路回路中各元件的电抗标幺值。

(4)求总电抗标幺值,化简电路(求出从无限大容量电源点到短路点的短路总阻抗)。

(5)计算三相短路电流周期分量有效值及其他短路参数。

二、电力系统计算中标幺值的应用

工作中在进行启动设计分析时,由于系统参数是进行启动分析的基础,往往需要对甲方或设计院所给的电力系统参数进行核定。由于电力系统中电气设备的容量规格多,电压等级多,用有名单位制计算工作量很大,尤其是对于多电压等级的归算。因此,在电力系统的计算中,尤其在电力系统的短路计算中,各物理量广泛地采用其实际值与某一选定的同单位的基值之比来表示。此选定的值称为基值,此比值称为该物理量的标幺值或相对值。

(一)标幺值的定义

标幺值的计算公式为

$$标幺值 = 实际值(任意单位)/基准值(与实际值同单位) \tag{6-1}$$

在进行标幺值计算时,首先需选定基准值。基准值可以任意选定,基准值选的不同,其标幺值也各异。因此,当说一个量的标幺值时,必须同时说明它的基准值才有意义。所谓标幺制,就是把各个物理量用标幺值来表示的一种运算方法。

(二)基准值的选取

基准值的选取,除了要求基准值与有名值同单位外,原则上可以是任意的。但因物理量之间有内在的必然联系,所以并非所有的基准值都可以任意选取。在电力系统计算中,主要涉及对称三相电路,计算时习惯上采用线电压、线电流、三相功率和一相阻抗,这四个物理量应服从功率方程式和电路的欧姆定律,即

$$\begin{cases} S = \sqrt{3}\,UI \\ U = \sqrt{3}\,ZI \end{cases} \tag{6-2}$$

选定的各物理量的基准值满足下列关系:

$$\begin{cases} S_B = \sqrt{3}\,U_B I_B \\ U_B = \sqrt{3}\,Z_B I_B \end{cases} \tag{6-3}$$

将式(6-2)与式(6-3)相除后得:

$$\begin{cases} S_* = U_* I_* \\ U_* = Z_* I_* \end{cases} \tag{6-4}$$

式中,下标注"*"者为标幺值,注"B"者为基准值,无下标者为实际值。

由式(6-3)可以看出,基准值的选取受两个方程的约束,所以只有两个基准值可任意选取。工程计算中,通常选定功率基准值 S_B 和电压基准值 U_B。

由式(6-4)可以看出,在标幺制中,三相电路的计算公式与单相电路的计算公式完全相同。在各物理量取用相应的基准值情况下,线电压和相电压的标幺值相等,三相功率和单相功率的标幺值相等。

因此,有名单位制中单相电路的基本公式,可直接应用于三相电路中标幺值的运算。且计算中无须顾忌线电压和相电压、三相标幺值和单相标幺值的区别,只需注意在还原成有名值时采用相应的基准值即可。

(三)不同基准值的标幺值间的换算

电力系统中的发电机、变压器、电抗器等电气设备的铭牌数据中所给出的参数,通常是以其本身额定值为基准的标幺值或百分比,即是以各自的额定电压 U_N 和额定功率 S_N 作为基准值的。而各电气设备的额定值又往往不尽相同,基准值不相同的标幺值是不能直接进行运算的,因此必须把不同基准值的标幺值换算成统一基准值的标幺值。

换算的方法是:先将各自以额定值作为基准值的标幺值还原为有名值,再将有名值换算成统一基准值下的标幺值。

实际计算中,基准值的选择考虑如下:只有一台发电机或变压器,可直接取发电机或变压器的额定功率、额定电压作为基准值;如系统原件较多,为了便于计算,通常基准功率可选取某一整数,如 100 MVA 或 1 000 MVA,而基准电压可取用网络的各级额定电压或平均额定电压。

(四)变压器联系的多级电网网络中标幺值的计算

实际电力系统中往往有多个电压等级的线路通过升降压变压器联系组成。当用标幺值计算时,首先需将磁耦合电路变换为只有电的直接联系的电路,即应先将不同电压等级中各元件的参数全部归算至某一选定的电压级,这个电压级称为基本级(或基本段)。这种首先将网络中各元件参数全部归算为基本级下的有名值,然后归算到基本级的基准值下的标幺值的做法,对于多级电压网络并不方便。

实际上,通常使用的方法是先确定基本级和基本级的基准电压,为消除等值电路中的理想变压器(变压器在等值电路中等效为内阻抗加理想变压器)而建立直接电的联系,需按照各电压级与基本级相联系的变压器的变比,确定其余各电压级的电压基准值,再按全网统一的功率基准值和各级电压的电压基准值计算网络各元件的阻抗标幺值。

注:上述通常使用的方法与全部归算为基本级下的方法在数学上是一致的,证明如下。变压器变比 $\dfrac{U_1}{U_2}$、容量 S、Z_1、Z_2;将 Z_2 按有名值归算到一次侧,$Z_2(\dfrac{U_1}{U_2})^2$,标幺值为

$$\dfrac{Z_2(\dfrac{U_1}{U_2})^2}{\dfrac{U_1^2}{S}} = \dfrac{Z_2}{\dfrac{U_2^2}{S}}$$,这也就是以二次侧电压为基准的标幺值。

这里也可以看出,必须是容量保证已知才有数学的严格性,这应该是说明了功率不变。

在实际使用中,根据变压器变比是按实际变比或是近似变比(变压器两侧电压级的平均额定电压之比),分为准确计算法及近似计算法。

1. 准确计算法

现以图 6-2 所示系统为例,图中的三个电压段可任选一段作为基本段。假定选第 Ⅰ 段为基本段,其余两段(第 Ⅱ 段、第 Ⅲ 段)的电压基准值均通过变压器的实际变比计算。一般地,在经过 n 台变压器后,第 $n+1$ 段网络的基准电压可按下式确定:

$$U_{B(n+1)} = \dfrac{U_B}{(K_1 K_2 \cdots K_n)} \tag{6-5}$$

式中　U_B——基本段中选定的基准电压;

　　　$U_{B(n+1)}$——待确定段的基准电压;

　　　K_1、K_2、$\cdots$、K_n——变压器变比,变比的分子为向着基本段一侧的变压器额定电压,分母为向着待归算段一侧的变压器额定电压。

对于图 6-2 所示系统,第 Ⅱ 段和第 Ⅲ 段的基准电压分别为

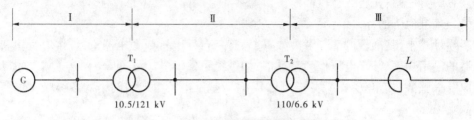

图 6-2　具有三段不同电压级的电力系统

$$U_{\text{dII}} = \frac{U_{\text{dI}}}{K_1} = \frac{U_{\text{dI}}}{\dfrac{10.5}{121}}$$

$$U_{\text{dIII}} = \frac{U_{\text{dI}}}{K_1 K_2} = \frac{U_{\text{dI}}}{\dfrac{10.5}{121} \times \dfrac{110}{6.6}}$$

需要指出的是,各不同电压段的基准电压和基准电流不同,但各段的基准功率必须相同,这样才能保证标幺值变换上数学的严格性。在确定了网络中各段的基准电压以后,即可利用全网统一的基准功率和各段的基准电压,计算各元件的阻抗标幺值。

综上分析可见,将各段原件的阻抗直接按基本段基准电压归算的方法,比将各元件的阻抗有名值归算至基本段,然后换算为统一基准的标幺值的计算方法要简便的多,特别是对变压器数量很多的网络,将大量减少计算工作量。

由于准确计算法采用的是变压器实际变比,故计算结果是准确的。但当网络中变压器较多时,计算各段基准电压仍较复杂。此外,在实际计算中,总希望把基准电压选得等于或接近于该电压级的额定电压。这样,标幺值电压可清晰地反映实际电压的质量,即偏离其额定值的程度。另外,由于变压器实际变比与其所联系的两侧网络的额定电压之比的差异,在闭式电力网的归算中会遇到一些困难。

考虑到电力系统中处于同一电压级的各元件的额定电压亦不相同,有的高于额定电压10%,有的高于额定电压5%(如发电机额定电压),有的等于额定电压。为了简化计算,取同一电压级的各元件最高额定电压与最低额定电压的平均值,并称为网络的平均额定电压 U_{av}。将由变压器联系的两侧网络的额定电压用网络的平均额定电压代替,变压器的实际变比用变压器两侧网络的平均额定电压之比(称为近似变化)来代替,此即近似计算法。

2. 近似计算法

根据我国现有的电压等级,对不同电压等级相应的平均额定电压有如表 6-2 所示规定。

表 6-2　不同电压等级相应的平均额定电压

电网额定电压(kV)	3	6	10	35	110	220	330	500
电网平均额定电压(kV)	3.15	6.3	10.5	37	115	230	345	525

平均额定电压约比相应电压级的额定电压值高5%。根据近似计算法,图 6-2 中变压

器 T_1 的变化近似取它所联系的两侧电压级的平均额定电压之比,即以近似变比 $\dfrac{10.5}{115}$ 代替

实际的变比 $\dfrac{10.5}{121}$,以图 6-2 为例,若选取第 I 段的电压基准值为该段的平均额定电压

$U_{dI} = 10.5$ kV,则 $U_{dII} = \dfrac{10.5}{\dfrac{10.5}{115}}$ kV = 115 kV, $U_{dIII} = \dfrac{10.5}{\dfrac{10.5}{115} \times \dfrac{115}{6.3}}$ kV = 6.3 kV。

可见,各段的基准电压就直接等于该段网络的平均额定电压,无需计算。因此,对发电机和变压器,其电抗标幺值就只需进行功率归算,而不必进行电压归算。

注意标幺值的定义,是实际值/基准值,当 10 kV 的元件用于 6 kV 电压等级时,按照此定义进行即可。所谓多级,只是改变了电压、阻抗及电流的基准值而已。

(五)标幺制的特点

(1)使计算大为简化。采用标幺值进行计算时,三相电路的计算公式与单相电路相同,均省去 $\sqrt{3}$ 的计算,减少了出错。在对称三相系统中,三相功率与单相功率的标幺值相等,线电压与相电压的标幺值相等。当电压等于基准值时,功率的标幺值等于电流的标幺值。变压器电抗的标幺值,不论归算至哪一侧都相同并等于其短路电压的标幺值。

(2)易于比较各种电气设备的特性及参数。不同型号的发电机、变压器的参数,其有名值的差别很大,如用标幺值表示就比较接近。

(3)便于对计算结果做出分析及判断其正确与否。例如,在电网核算中,节点电压的标幺值都应接近于 1,过大或过小都表明计算有误。

(六)系统中各元件电抗标幺值

发电机

$$X_{d*}'' = \frac{X_d''\%}{100} \times \frac{S_B}{P/\cos\varphi} \tag{6-6}$$

式中　$X_d''\%$——发电机次暂态电抗百分值;

　　　P——发电机的有功功率;

　　　$\cos\varphi$——发电机的功率因数。

变压器

$$X_{b*} = \frac{U_d\%}{100} \times \frac{S_B}{S_N} \tag{6-7}$$

式中　$U_d\%$——变压器短路电压的百分值,也有用 $U_k\%$ 来表示变压器短路电压的百分值;

　　　S_N——变压器的额定容量。

线路

$$X_{L*} = X_L \times L \times \frac{S_B}{U_B^2} \tag{6-8}$$

式中　X_L——线路电抗的平均值(架空线为 0.4 Ω/km,不同电压等级、不同类型线路可查表)。

电抗器

$$X_{R*} = \frac{X_R\%}{100} \times \frac{U_e}{\sqrt{3}\,I_e} \times \frac{S_B}{U_B^2} \tag{6-9}$$

式中　　$X_R\%$——电抗器的短路电抗百分值；

　　　　U_e——电抗器的额定电压；

　　　　I_e——电抗器的额定电流。

系统阻抗标幺值

$$X_{x*} = \frac{S_B}{S_{zh}} \tag{6-10}$$

式中　　S_{zh}——断路器的开断容量。

三、无限大功率电源供电的系统三相短路电流分析

图 6-3 所示的是简单三相电路中发生突然对称短路的暂态过程。在此电路中假设电源电压幅值和频率均为恒定,这种电源称为无限大功率电源,这个名称从概念上是不难理解的。

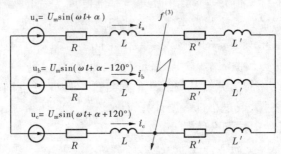

图 6-3　无限大功率电源供电的三相电路突然短路

(1)无限大功率电源可以看作是由多个有限功率电源并联而成的,因而其内阻抗为零,电源电压保持恒定。

(2)电源功率为无限大时,外电路发生短路(一种扰动)引起的功率改变对电源来说是微不足道的,因而电源的电压和频率(对应于同步机的转速)保持恒定。

实际上,真正的无限大功率电源是没有的,而只是一个相对的概念,往往是以供电电源的内阻抗与短路回路总阻抗的相对大小来判断电源能否作为无限大功率电源。若供电电源的内阻抗小于短路回路总阻抗的 10% ,则可认为供电电源为无限大功率电源。在这种情况下,外电路发生短路对电源影响很小,可近似地认为电源电压幅值和频率保持恒定。

(一)短路后的暂态过程分析

对于图 6-3 所示的三相电路,短路发生前,电路处于稳态,其 a 相的电流表达式为

$$i_a = I_{m|0|}\sin(\omega t + \alpha - \varphi_{|0|}) \tag{6-11}$$

式中

$$I_{m|0|} = \frac{U_m}{\sqrt{(R+R')^2 + \omega^2(L+L')^2}}$$

$$\varphi_{|0|} = \arctan\frac{\omega(L+L')}{(R+R')}$$

当在 f 点突然发生三相短路时,这个电路即被分成两个独立的回路。左边的回路仍与电源连接,而右边的回路则变为没有电源的回路。在右边的回路中,电流值将从短路发生瞬间不断地衰减,一直衰减到磁场中储存的能量全部变为电阻中所消耗的热能,即衰减为零。在与电源相连的左边回路中,每相阻抗由原来的 $(R + R') + j\omega(L + L')$ 减小为 $R + j\omega L$,其稳态电流值必将增大。短路暂态过程的分析与计算就是针对这一回路的。

假定短路在 $t = 0$ 时发生,由于电路仍是对称的,可以只研究其中的一相,例如 a 相,其电流的瞬时值应满足如下微分方程:

$$L \frac{\mathrm{d}i_a}{\mathrm{d}t} + Ri_a = U_m \sin(\omega t + \alpha) \tag{6-12}$$

这是一个一阶常系数线性非齐次的微分方程,它的特解即为稳态短路电流 $i_{\infty a}$,又称交流分量或周期分量 i_{pa},即

$$i_{\infty a} = i_{pa} = \frac{U_m}{Z} \sin(\omega t + \alpha - \varphi) = I_m \sin(\omega t + \alpha - \varphi) \tag{6-13}$$

式中　Z——短路回路每相阻抗 $(R + j\omega L)$ 的模值;

　　　φ——稳态短路电流和电源电压间的相角 $(\arctan \frac{\omega L}{R})$;

　　　I_m——稳态短路电流的幅值。

短路电流的自由分量衰减时间常数 T_a 为微分方程式(6-13)的特征根的负倒数,即

$$T_a = \frac{L}{R} \tag{6-14}$$

短路电流的自由分量电流为

$$i_{aa} = Ce^{-\frac{t}{T_a}} \tag{6-15}$$

又称为直流分量或非周期分量,它是不断衰减的直流电流,其衰减的速度与电路中 L/R 值有关。式中,C 为积分常数,其值即为直流分量的起始值。

短路的全电流为

$$i_a = I_m \sin(\omega t + \alpha - \varphi) + Ce^{-\frac{t}{T_a}} \tag{6-16}$$

式中的积分常数 C 可由初始条件决定。在含有电感的电路中,根据楞次定律,通过电感的电流是不能突变的,即短路前一瞬间的电流值(用下标 $|0|$ 表明)必须与短路发生后一瞬间的电流值(用下标 0 表示)相等,即

$$i_{a|0|} = I_{m|0|} \sin(\alpha - \varphi_{|0|}) = i_{a0} = I_m \sin(\alpha - \varphi) + C = i_{pa0} + i_{aa0}$$

所以

$$C = i_{aa0} = i_{a|0|} - i_{pa0} = I_{m|0|} \sin(\alpha - \varphi_{|0|}) - I_m \sin(\alpha - \varphi) \tag{6-17}$$

将式(6-17)代入式(6-16)中便得

$$i_a = I_m \sin(\omega t + \alpha - \varphi) + \lceil I_{m|0|} \sin(\alpha - \varphi_{|0|}) - I_m \sin(\alpha - \varphi) \rceil e^{-\frac{t}{T_a}} \tag{6-18}$$

由于三相电路对称,只要用 $\alpha - 120°$ 和 $\alpha + 120°$ 代替式(6-18)中的 α 就可分别得到 b 相和 c 相电流表达式。现将三相短路电流表达式综合如下:

$$i_a = I_m\sin(\omega t + \alpha - \varphi) + [I_{m|0|}\sin(\alpha - \varphi_{|0|}) - I_m\sin(\alpha - \varphi)]e^{-\frac{t}{T_a}}$$

$$i_b = I_m\sin(\omega t + \alpha - 120° - \varphi) + [I_{m|0|}\sin(\alpha - 120° - \varphi_{|0|}) - I_m\sin(\alpha - 120° - \varphi)]e^{-\frac{t}{T_a}}$$

$$i_c = I_m\sin(\omega t + \alpha + 120° - \varphi) + [I_{m|0|}\sin(\alpha + 120° - \varphi_{|0|}) - I_m\sin(\alpha + 120° - \varphi)]e^{-\frac{t}{T_a}}$$

$$(6-19)$$

由上可见,短路至稳态时,三相中的稳态短路电流为三个幅值相等、相角相差 120° 的交流电流,其幅值大小取决于电源电压幅值和短路回路的总阻抗。

(二)短路冲击电流

短路电流在前述最恶劣短路情况下的最大瞬时值,称为短路冲击电流。

根据以上分析,当短路发生在电感电路中,且短路前空载、其中一相电源电压过零点时,该相处于最严重的情况。以 a 相为例,将 $I_{m|0|}=0$、$\alpha=0°$、$\varphi=90°$ 代入式(6-19)得 a 相全电流的算式如下:

$$i_a = -I_m\cos\omega t + I_m e^{-\frac{t}{T_a}} \tag{6-20}$$

i_a 电流波形示于图 6-4,从图中可见,短路电流的最大瞬时值,即短路冲击电流,将在短路发生经过约半个周期后出现。当 f 为 50 Hz 时,此时间约为 0.01 s。由此可得冲击电流值为

$$i_M \approx I_m + I_m e^{-\frac{0.01}{T_a}} = (1 + e^{-\frac{0.01}{T_a}})I_m = K_M I_m \tag{6-21}$$

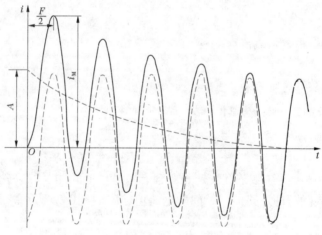

A—直流分量 i_{aa} 初始值

图 6-4 直流分量最大时短路电流波形

式中 K_M——冲击系数,即冲击电流值对于交流电流幅值的倍数。

很明显,K_M 值为 1~2。在实际计算中,K_M 一般取为 1.8~1.9。(注:也可用 i_{ch}、i_{sh} 表示冲击电流,I_{ch}、I_{sh} 表示最大有效值电流,K_{ch} 表示冲击系数)

冲击电流主要用于检验电气设备和载流导体的动稳定度。

(三)最大有效值电流

在短路暂态过程中,任一时刻 t 的短路电流有效值 I_t,是以时刻 t 为中心的一个周期内瞬时电流的均方根值,即

$$I_t = \sqrt{\frac{1}{T}\int_{t-T/2}^{t+T/2} i^2 \mathrm{d}t} = \sqrt{\frac{1}{T}\int_{t-T/2}^{t+T/2} (i_{pt} + i_{at})^2 \mathrm{d}t} = \sqrt{(I_m/\sqrt{2})^2 + i_{at}^2} \quad (6\text{-}22)$$

式中假设在 t 前后一周内 i_{at} 不变。

由图 6-4 可知,最大有效值电流也是发生在短路后半个周期时

$$I_M = \sqrt{(I_m/\sqrt{2})^2 + i_a^2(t = 0.01 \text{ s})} = \sqrt{(I_m/\sqrt{2})^2 + (i_M - I_m)^2}$$
$$= \sqrt{(I_m/\sqrt{2})^2 + I_m^2(K_M - 1)^2} = \frac{I_m}{\sqrt{2}}\sqrt{1 + 2(K_M - 1)^2} \quad (6\text{-}23)$$

当 $K_M = 1.9$ 时,$I_M = 1.62 \times (\frac{I_m}{\sqrt{2}})$;当 $K_M = 1.8$ 时,$I_M = 1.52 \times (\frac{I_m}{\sqrt{2}})$。

(四)短路功率

在选择电气设备时,为了校验开关的断开容量,要用到短路功率的概念。短路功率即某支路的短路电流与额定电压构成的三相功率,其数值表示式为

$$S_f = \sqrt{3}\, U_N I_f \quad (6\text{-}24)$$

式中 U_N——短路处正常时的额定电压;

I_f——短路处的短路电流有效值,在实用计算中,$I_f = \dfrac{I_m}{\sqrt{2}}$。

在标幺值计算中,取基准功率 S_B、基准电压 $U_B = U_N$,则有

$$S_{f*} = \frac{S_f}{S_B} = \frac{\sqrt{3}\, U_N I_f}{\sqrt{3}\, U_N I_B} = I_{f*} \quad (6\text{-}25)$$

也即短路功率的标幺值与短路电流的标幺值相等。利用这一关系短路功率就很容易由短路电流求得。

【例6-1】 在图 6-5 所示网络中,设 $S_B = 100$ MVA;$U_B = U_{av}$;$K_M = 1.8$,求 f 点发生三相短路时的冲击电流、短路电流的最大有效值、短路功率。

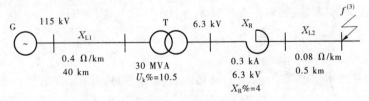

图 6-5 例 6-1 图

解:采用标幺值的近似计算法。

(1)各元件电抗的标幺值:

$$X_{L1*} = 40 \times 0.4 \times \frac{100}{115^2} = 0.121$$

$$X_{T*} = \frac{10.5}{100} \times \frac{100}{30} = 0.35$$

$$X_{R*} = \frac{4}{100} \times \frac{I_B}{I_N} = \frac{4}{100} \times \frac{100}{\sqrt{3} \times 6.3 \times 0.3} = 1.222$$

$$X_{L2*} = 0.5 \times 0.08 \times \frac{100}{6.3^2} = 0.100\,8$$

（2）从短路点看进去的总电抗的标幺值：

$$X_{\Sigma*} = X_{L1*} + X_{T*} + X_{R*} + X_{L2*} = 1.793\,7$$

（3）短路点短路电流的标幺值，近似认为短路点的开路电压 U_f 为该段的平均额定电压 U_{av}：

$$I_{f*} = \frac{U_{f*}}{X_{\Sigma*}} = \frac{1}{X_{\Sigma*}} = 0.557\,5$$

（4）短路点短路电流的有名值：

$$I_f = I_{f*} I_B = 0.557\,5 \times \frac{100}{\sqrt{3} \times 6.3} = 5.113\,(\text{kA})$$

（5）冲击电流：

$$i_M = 2.55 I_f = 2.55 \times 5.113 = 13.01\,(\text{kA})$$

（6）最大有效值电流：

$$I_M = 1.52 I_f = 1.52 \times 5.113 = 7.766\,(\text{kA})$$

（7）短路功率：

$$S_f = S_{f*} \times S_B = I_{f*} \times I_B = 0.557\,5 \times 100 = 55.75\,(\text{MVA})$$

四、应用运算曲线计算短路电流

短路电流的计算方法有很多，而其中以应用运算曲线计算短路电流最方便实用。应用该方法的步骤如下：

（1）计算系统中各元件电抗标幺值。

①基准值，基准容量（如取基准容量 $S_B = 100$ MVA），基准电压 U_B 一般为各级电压的平均电压。

②系统中各元件电抗标幺值计算。

（2）根据系统图作出等值电路图，将各元件编号并将相应元件电抗标幺值标于元件编号下方。

（3）对网络化简，以得到各电源对短路点的转移电抗，其基本公式如下所述。

①串联，如图6-6所示。

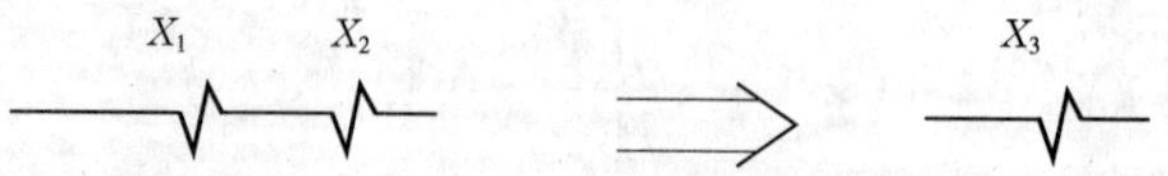

$$X_3 = X_1 + X_2$$

图6-6　串联

②并联，如图6-7所示。

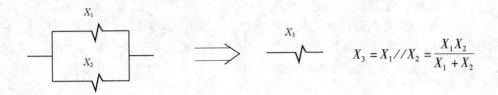

图 6-7 并联

③三角形变为等值星形,如图 6-8 所示。

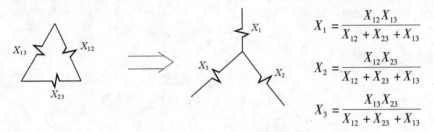

$$X_1 = \frac{X_{12}X_{13}}{X_{12} + X_{23} + X_{13}}$$

$$X_2 = \frac{X_{12}X_{23}}{X_{12} + X_{23} + X_{13}}$$

$$X_3 = \frac{X_{13}X_{23}}{X_{12} + X_{23} + X_{13}}$$

图 6-8 三角形变为等值星形

④星形变为等值三角形,如图 6-9 所示。

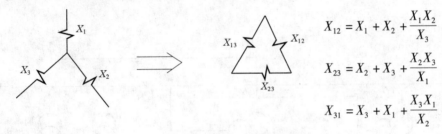

$$X_{12} = X_1 + X_2 + \frac{X_1 X_2}{X_3}$$

$$X_{23} = X_2 + X_3 + \frac{X_2 X_3}{X_1}$$

$$X_{31} = X_3 + X_1 + \frac{X_3 X_1}{X_2}$$

图 6-9 星形变为等值三角形

(4)将标幺值电抗转换为以各支路发电机容量为基准的计算电抗 X_{js} ,即

$$X_{js} = X_{j\Sigma} \frac{S_N}{S_B} \qquad (6\text{-}26)$$

式中　$X_{j\Sigma}$ ——以 S_B 为基准容量的标幺值电抗;

　　　X_{js} ——以 S_N 为基准容量的计算电抗。

(5)短路电流计算。

①无限大容量电源的短路电流计算。当系统中 $X_X = 0$,以供电电源为基准的计算电抗 $X_{js} \geqslant 3$ 时,可以认为短路电流周期分量在整个短路时间内保持不变,即

$$\begin{cases} I''_* = I_{0.2*} = I_{\infty*} = \dfrac{1}{X_{*\Sigma}} \\[3mm] I'' = I_{0.2} = I_\infty = \dfrac{I_B}{X_{*\Sigma}} \end{cases} \qquad (6\text{-}27)$$

式中　$X_{*\Sigma}$ ——以 S_B 为基准容量的标幺值电抗。

②有限容量电源的短路电流计算。

有限容量电源的短路电流周期分量在短路时间内是变化的。运算曲线反映了这一变化。$I_{zt} = f(tX_{js})$ 为按不同类型的发电机所做出的运算曲线,由运算曲线查出 I''_*、$I_{0.2*}$、$I_{\infty*}$ 三种短路电流周期分量,然后转换为有名值:

$$I_{zt} = I_{zt*} \cdot I_{e\Sigma} \tag{6-28}$$

式中　$I_{e\Sigma}$——各支路的发电机额定电流 $I_{e\Sigma} = \dfrac{S_{e\Sigma}}{\sqrt{3}\,U_p}$。

计算短路冲击电流及全电流最大有效值:

机端短路 12 MW 以下时

$$i_M = 2.55I'',\ I_M = 1.52I'' \tag{6-29}$$

机端短路 12 MW 以上时

$$i_M = 2.71I'',\ I_M = 1.62I'' \tag{6-30}$$

下面用一个简单的例子进行对短路电流的计算分析。

【例 6-2】　系统如图 6-10 所示。

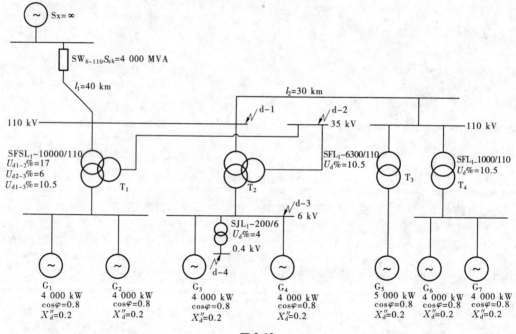

图 6-10

将系统转化为等效参数,如图 6-11 所示。

图中分式中分子为元件编号,分母为元件电抗值标幺值。

(1)各标幺值计算如下:

取基准容量 $S_B = 100$ MVA,基准电压 U_B 为各级电压的平均电压,$U_B = U_{av} = 1.05U_e$

系统阻抗标幺值 $X_{X*} = \dfrac{S_B}{S_{zh}} = \dfrac{100}{4\,000} = 0.025$

线路 L_1 阻抗标幺值 $X_2 = X_L l_1 \dfrac{S_B}{U_B^2} = 0.4 \times 40 \times \dfrac{100}{115^2} = 0.121$

线路 L_2 阻抗标幺值 $X_3 = X_L l_2 \dfrac{S_B}{U_B^2} = 0.4 \times 30 \times \dfrac{100}{115^2} = 0.091$

变压器 $T_1 T_2$ 三绕组变压器

先计算各绕组短路电抗

$$U_{d1}\% = \frac{1}{2}(U_{d1-2}\% + U_{d1-3}\% - U_{d2-3}\%) = \frac{1}{2} \times (17 + 10.5 - 6) = 10.75$$

$$U_{d2}\% = \frac{1}{2}(U_{d1-2}\% + U_{d2-3}\% - U_{d1-3}\%) = \frac{1}{2} \times (17 + 6 - 10.5) = 6.25$$

$$U_{d3}\% = \frac{1}{2}(U_{d1-3}\% + U_{d2-3}\% - U_{d1-2}\%) = \frac{1}{2} \times (6 + 10.5 - 17) = 0$$

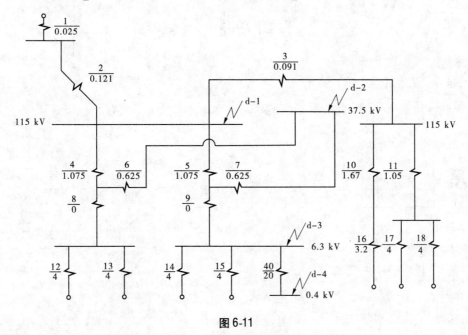

图 6-11

再求各绕组标幺值阻抗：

$$X_4 = X_5 = \frac{U_{d1}\%}{100} \frac{S_B}{S_N} = \frac{10.75}{100} \times \frac{100}{10} = 1.075$$

$$X_6 = X_7 = \frac{6.25}{100} \times \frac{100}{10} = 0.625$$

$$X_8 = X_9 = 0$$

T_3 变压器阻抗标幺值：

$$X_{10} = \frac{10.5}{100} \times \frac{100}{6.3} = 1.67$$

T_4 变压器阻抗标幺值：

$$X_{11} = \frac{10.5}{100} \times \frac{100}{10} = 1.05$$

发电机 $G_{1-4,6-7}$ 阻抗标幺值：

$$X_{12} = X_{13} = X_{14} = X_{15} = X_{17} = X_{18} = \frac{X_d''\%}{100} \frac{S_B}{P/\cos\varphi} = \frac{20}{100} \times \frac{100}{4/0.8} = 4$$

发电机 G_5 阻抗标幺值：

$$X_{16} = \frac{20}{100} \times \frac{100}{5/0.8} = 3.2$$

（2）网络化简：

①d-1 短路网络化简：

$$X_{19} = X_1 + X_2 = 0.025 + 0.121 = 0.146$$

$$X_{20} = (X_{17}//X_{18} + X_{11})//(X_{10} + X_{16}) + X_3$$

$$= (\frac{4}{2} + 1.05)//(1.67 + 3.2) + 0.091 = 1.966$$

$$X_{21} = (X_{12}//X_{13} + X_4)/2 = (\frac{4}{2} + 1.075)/2 = 1.54$$

化简如图 6-12 所示。

②d-2 短路网络化简：

化简过程如图 6-13 所示。

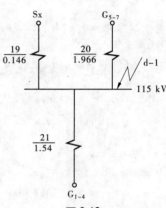

图 6-12

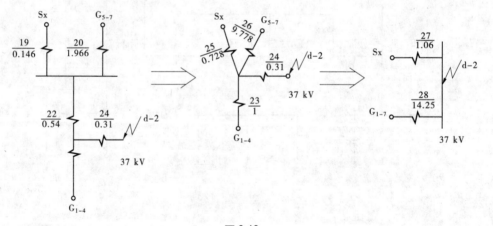

图 6-13

$$X_{22} = X_4//X_5 = \frac{1.075}{2} = 0.54$$

$$X_{23} = X_{12}//X_{13}//X_{14}//X_{15} = \frac{4}{4} = 1$$

$$X_{24} = X_6//X_7 = \frac{0.625}{2} = 0.31$$

再化简得

$$X_{25} = X_{19} + X_{22} + \frac{X_{20}X_{22}}{X_{20}} = 0.146 + 0.54 + \frac{0.146 \times 0.54}{1.966} = 0.728$$

$$X_{26} = X_{20} + X_{22} + \frac{X_{20}X_{22}}{X_{19}} = 1.966 + 0.54 + \frac{1.966 \times 0.54}{0.146} = 9.778$$

$$X_{27} = X_{25} + X_{24} + \frac{X_{25}X_{24}}{X_{26}} = 0.728 + 0.31 + \frac{0.728 \times 0.31}{9.778} = 1.06$$

$$X_{28} = X_{26} + X_{24} + \frac{X_{26}X_{24}}{X_{25}} = 9.778 + 0.31 + \frac{9.778 \times 0.31}{0.728} = 14.25$$

③d-3 短路网络化简：

化简过程如图 6-14 所示。

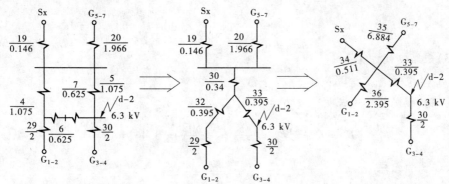

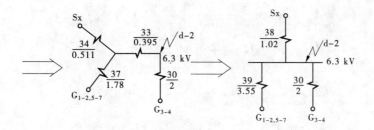

图 6-14

$$X_{29} = X_{12} /\!/ X_{13} = \frac{4}{2} = 2$$

$$X_{30} = 2$$

$$X_{31} = \frac{X_4 X_5}{X_4 + X_5 + X_6 + X_7} = \frac{1.075 \times 1.075}{1.075 + 1.075 + 0.625 + 0.625} = 0.34$$

$$X_{32} = X_{33} = \frac{1.075 \times 2 \times 0.625}{1.075 + 1.075 + 0.625 + 0.625} = 0.395$$

$$X_{34} = X_{19} + X_{31} + \frac{X_{19}X_{31}}{X_{20}} = 0.146 + 0.34 + \frac{0.146 \times 0.34}{1.966} = 0.511$$

$$X_{35} = X_{20} + X_{31} + \frac{X_{20}X_{31}}{X_{19}} = 1.966 + 0.34 + \frac{1.966 \times 0.34}{0.146} = 6.884$$

$$X_{36} = X_{29} + X_{32} = 2 + 0.395 = 2.395$$

$$X_{37} = X_{35}//X_{36} = \frac{6.884 \times 2.395}{6.884 + 2.395} = 1.78$$

$$X_{38} = X_{34} + X_{33} + \frac{X_{34}X_{33}}{X_{37}} = 0.511 + 0.395 + \frac{0.511 \times 0.395}{1.78} = 1.02$$

$$X_{39} = X_{37} + X_{33} + \frac{X_{37}X_{33}}{X_{34}} = 1.78 + 0.395 + \frac{1.78 \times 0.395}{0.511} = 3.55$$

④d-4 短路,发电机电压母线认为是无限大功率母线

$$X_{40} = \frac{4}{100} \times \frac{100}{0.2} = 20$$

(3)短路电流计算:

①d-1 短路电流计算:

A. 系统供给短路电流

$$I'' = I_{0.2} = I_{\infty} = \frac{I_B}{X_{10}} = \frac{0.502}{0.146} = 3.44(kA)$$

B. G_{5-7} 供给短路电流

$$先算 X_{js} = X_{20} \times \frac{\dfrac{5}{0.8} + 2 \times \dfrac{4}{0.8}}{100} = 1.966 \times \frac{58}{800} = 0.32$$

查附录,$I''_* = 3.3, I_{0.2*} = 2.6, I_{\infty*} = 2.8$

$$I_{B\sum2} = \frac{\dfrac{5+4+4}{0.8}}{\sqrt{3} \times 115} = \frac{16.25}{\sqrt{3} \times 115} = 0.082(kA)$$

$$I'' = 3.3 \times 0.082 = 0.27(kA)$$

$$I_{0.2} = 2.6 \times 0.082 = 0.213(kA)$$

$$I_{\infty} = 2.8 \times 0.082 = 0.229(kA)$$

C. G_{1-4} 供给短路电流

$$X_{js} = X_{21} \times \frac{4 \times \dfrac{4}{0.8}}{100} = 1.54 \times \frac{20}{100} = 0.308$$

查附录,$I''_* = 3.5, I_{0.2*} = 2.72, I_{\infty*} = 2.83$

$$I_{B\sum1} = \frac{\dfrac{4 \times 4}{0.8}}{\sqrt{3} \times 115} = \frac{20}{\sqrt{3} \times 115} = 0.1(kA)$$

$$I'' = 3.5 \times 0.1 = 0.35(kA)$$

$$I_{0.2} = 2.72 \times 0.1 = 0.272(kA)$$

$$I_{\infty} = 2.83 \times 0.1 = 0.283(kA)$$

②d-2 短路电流计算:

A. 系统供给短路电流

$$I'' = I_{0.2} = I_{\infty} = \frac{I_B}{X_{27}} = \frac{1.56}{1.06} = 1.47(\mathrm{kA})$$

B. G_{1-7} 供给短路电流

$$X_{js} = 1.61 \times \frac{36.25}{100} = 0.585$$

查附录，$I''_* = 1.78, I_{0.2*} = 1.55, I_{\infty*} = 1.91$

$$I_{B\Sigma} = \frac{36.25}{\sqrt{3} \times 37} = 0.565(\mathrm{kA})$$

$$I'' = 1.78 \times 0.565 = 1.01(\mathrm{kA})$$

$$I_{0.2} = 1.55 \times 0.565 = 0.88(\mathrm{kA})$$

$$I_{\infty} = 1.91 \times 0.565 = 1.08(\mathrm{kA})$$

③d-3 短路电流计算：

A. 系统供给短路电流

$$I'' = I_{0.2} = I_{\infty} = \frac{I_B}{X_{38}} = \frac{9.16}{1.02} = 9(\mathrm{kA})$$

B. $G_{1-2,5-7}$ 供给短路电流

$$X_{js} = 3.55 \times \frac{26.25}{100} = 0.93$$

查附录，$I''_* = 1.1, I_{0.2*} = 1.02, I_{\infty*} = 1.3$

$$I_{B\Sigma 1} = \frac{26.25}{\sqrt{3} \times 6.3} = 2.41(\mathrm{kA})$$

$$I'' = 1.1 \times 2.41 = 2.65(\mathrm{kA})$$

$$I_{0.2} = 1.02 \times 2.41 = 2.45(\mathrm{kA})$$

$$I_{\infty} = 1.3 \times 2.41 = 3.13(\mathrm{kA})$$

C. G_{3-4} 供给短路电流

$$X_{js} = 2 \times \frac{10}{100} = 0.2$$

查附录，$I''_* = 5.6, I_{0.2*} = 3.75, I_{\infty*} = 3.35$

$$I_{B\Sigma 2} = \frac{10}{\sqrt{3} \times 6.3} = 0.916(\mathrm{kA})$$

$$I'' = 5.6 \times 0.916 = 5.13(\mathrm{kA})$$

$$I_{0.2} = 3.73 \times 0.916 = 3.42(\mathrm{kA})$$

$$I_{\infty} = 3.35 \times 0.916 = 3.06(\mathrm{kA})$$

④d-4 短路电流计算：

$$I'' = I_{0.2} = I_{\infty} = \frac{I_B}{X_{40}} = \frac{144.3}{20} = 7.22(\mathrm{kA})$$

综上所述,短路电流计算结果如表6-3所示。

表6-3　短路电流计算结果

短路点编号	短路点平均电压 U_p (kV)	基准电流 I_j (kA)	分支线名称	分支额定电流 $I_{e\Sigma}$ (kA)	短路电流周期分量起始值 I'' (kA)	短路电流冲击值 i_{ch} (kA)	0.2 s周期电流 $I_{0.2}$ (kA)	稳态短路电流有效值 I_∞ (kA)
d-1	115	0.502	110 kV 系统 发电机 G_{1-4} 发电机 G_{5-7} 小计	0.1 0.082	3.44 0.35 0.27 4.06	8.77 0.893 0.689 10.35	3.44 0.272 0.212 3.924	3.44 0.283 0.229 3.952
d-2	37	1.56	110 kV 系统 发电机 G_{1-7} 小计	0.565	1.47 1.01 2.23	3.11 2.58 5.69	1.47 0.88 2.1	1.47 1.08 2.3
d-3	6.3	9.16	110 kV 系统 发电机 $G_{1-2,5-7}$ 发电机 G_{3-4} 小计	2.41 0.916	9 2.65 5.13 16.78	22.95 6.75 13.1 42.8	9 2.45 3.42 14.87	9 3.13 3.06 15.19
d-4	0.4	144.3	小计		7.22	13.3	7.22	7.22

【任务实施】

1. 要求

对项目五中任务三"设计电气主接线"进行短路电流计算分析。

2. 实施流程

(1)按项目五任务三中的小组进行任务实施。

(2)小组讨论＋指导教师指导,确定短路电流计算点。

(3)按要求对各短路点进行短路电流计算。

(4)小组交流讨论＋指导教师指导,制定短路电流计算结果表。

3. 考核

根据短路电流计算结果表及计算过程考核。

任务二　电气设备选择

【工作任务】　电气设备的选择。

【任务介绍】　该项目要求能对发电厂、变电站常用高压电气设备进行选择校验,掌握高压电气设备选择的一般原则及具体选择方法,掌握各设备选择的特殊性。通过该项目的实施,使学生熟悉高压开关电器选择的步骤及方法,为学生以后从事电气工程设计工作奠定基础。

【相关知识】

一、电气设备选择的一般原则

电气设备的选择是供配电系统设计的重要内容,其选择得恰当与否将影响到整个系统能否安全可靠地运行,故必须遵循一定的选择原则。本项目对常用的高低压电器即高压断路器、高压隔离开关、仪用互感器、母线、绝缘子、高低压熔断器及成套配电装置(高压开关柜)等分别介绍了其选择方法,为合理、正确使用电气设备提供了依据。

供配电系统中的电气设备总是在一定的电压、电流、频率和工作环境条件下工作的,电气设备的选择除满足正常工作条件下安全可靠运行外,还应满足在短路故障条件下不损坏,开关电器还必须具有足够的断流能力,并适应所处的位置(户内或户外)、环境温度、海拔高度以及防尘、防火、防腐、防爆等环境条件。

电气设备的选择应根据以下原则:

(1)按工作环境及正常工作条件选择电气设备。

①根据电气装置所处的位置(户内或户外)、使用环境和工作条件,选择电气设备型号。

②按工作电压选择电气设备的额定电压。

电气设备的额定电压 U_N 应不低于其所在线路的额定电压 $U_{W \cdot N}$,即

$$U_N \geq U_{W \cdot N} \tag{6-31}$$

例如,在 10 kV 线路中,应选择额定电压为 10 kV 的电气设备,380 V 系统中应选择额定电压为 380 V(0.4 kV)或 500 V 的电气设备。

③按最大负荷电流选择电气设备的额定电流。

电气设备的额定电流应不小于实际通过它的最大负荷电流 I_{max}(或计算电流 I_c),即

$$I_N \geq I_{max} \text{ 或 } I_N \geq I_c \tag{6-32}$$

(2)按短路条件校验电气设备的动稳定和热稳定。

为了保证电气设备在短路故障时不致损坏,就必须按最大可能的短路电流校验电气设备的动稳定和热稳定。动稳定是指电气设备在冲击短路电流所产生的电动力作用下,电气设备不致损坏。热稳定是指电气设备载流导体在最大稳态短路电流作用下,其发热温度不超过载流导体短时的允许发热温度。

(3)开关电器断流能力校验。

断路器和熔断器等电气设备担负着切断短路电流的任务,通过最大短路电流时必须可靠切断,因此开关电器还必须校验断流能力。对具有断流能力的高压开关设备需校验其断流能力,开关设备的断流容量不小于安装地点最大三相短路容量。

二、高压开关电器的选择

高压开关电器主要指高压断路器、高压熔断器、高压隔离开关和高压负荷开关。高压

电气设备的选择和校验项目如表6-4所示。

表6-4 高压电气设备选择和校验项目

电气设备名称	额定电压	额定电流	短路电流校验		
			动稳定度	热稳定度	断流能力
高压断路器	√	√	√	√	√
高压隔离开关	√	√	√	√	—
高压负荷开关	√	√	√	√	√
高压熔断器	√	√	—	—	√
电流互感器	√	√	√	√	—
电压互感器	√	—	—	—	—
支柱绝缘子	√	—	√	—	—
套管绝缘子	√	√	√	√	—
母线(硬)	—	√	√	√	—
电缆	√	√	—	√	—

注:表中"√"表示必须校验,"—"表示不要校验。

(一)高压断路器、高压隔离开关和高压负荷开关具体选择

(1)根据使用环境和安装条件选择设备的型号。

(2)按正常条件选择设备的额定电压和额定电流。

(3)动稳定校验。

$$i_{\max} \geqslant i_{\mathrm{sh}}^{(3)} \ 或 \ I_{\max} \geqslant I_{\mathrm{sh}}^{(3)} \tag{6-33}$$

式中 $i_{\max}$——电气设备的极限通过电流峰值;

$I_{\max}$——电气设备的极限通过电流有效值。

(4)热稳定校验。

$$I_{\mathrm{t}}^2 t \geqslant I_{\infty}^{(3)2} t_{\mathrm{dz}} \tag{6-34}$$

式中 I_{t}——电气设备的热稳定电流;

t——热稳定时间;

t_{dz}——短路发热等值时间,$t_{\mathrm{dz}} = t_{\mathrm{z}} + t_{\mathrm{fz}}$;

t_{z}——短路电流周期分量等值时间;

t_{fz}——短路电流非周期分量等值时间。

(5)开关电器断流能力校验。

对具有断流能力的高压开关设备需校验其断流能力。开关电气设备的断流容量不小于安装地点最大三相短路容量,即

$$S_{\mathrm{oc}} \geqslant S_{\mathrm{k \cdot max}} \ 或 \ I_{\mathrm{oc}} \geqslant I_{\mathrm{k \cdot max}}^{(3)} \tag{6-35}$$

式中 I_{oc}、S_{oc}——制造厂提供的最大开断电流和开断容量。

(二)高压断路器选择

高压断路器是供电系统中最重要的设备之一。由于成套配电装置应用普遍,断路器

大多选择户内型,如果是户外式变电站,则应选择户外型断路器。高压断路器一般选用少油断路器、真空断路器和 SF_6 断路器。具体选择方法如前述。

【例6-3】 试选择某 35 kV 变电站主变高压开关柜的高压断路器,已知变压器 35/10.5 kV,5 000 kVA,三相最大短路电流为 3.35 kA,冲击短路电流为 8.54 kA,三相短路容量为 60.9 MVA,继电保护动作时间为 1.1 s。

解:因为是户内型,故选择户内少油断路器。根据变压器二次侧额定电流选择断路器的额定电流。

$$I_{2N} = \frac{S_N}{\sqrt{3}\,U_N} = \frac{5\,000}{\sqrt{3} \times 10.5} = 275(A)$$

查表,选择 SN10 – 10I/630 型少油断路器,其有关技术参数及安装地点电气条件和计算选择结果列于表 6-5,从中可以看出断路器的参数均大于装设地点的电气条件,故所选断路器合格。

表 6-5 高压断路器选择校验表

序号	SN10 – 10I/630		选择要求	装设地点电气条件		结论
	项目	数据		项目	数据	
1	U_N	10 kV	≥	$U_{W \cdot N}$	10 kV	合格
2	I_N	630 A	≥	I_c	275 A	合格
3	I_{oc}	16 kA	≥	$I_k^{(3)}$	3.35 kA	合格
4	i_{max}	40 kA	≥	$i_{sh}^{(3)}$	8.54 kA	合格
5	$I_t^2 t$	$16^2 \times 4 = 1\,024(kA^2 \cdot s)$	≥	$I_\infty^2 \times t_{dz}$	$3.35^2 \times (1.1 + 0.1) = 13.5(kA^2 \cdot s)$	合格

(三)高压隔离开关选择

由于隔离开关主要是用于电气隔离而不能分断正常负荷电流和短路电流,因此只需要选择额定电压和额定电流,校验动稳定和热稳定。成套开关柜生产厂商一般都提供开关柜的方案号及柜内设备型号供用户选择,用户也可以自己指定设备型号。开关柜柜内高压隔离开关有的带接地刀,有的不带接地刀。

【例6-4】 按例 6-3 所给的电气条件,选择柜内高压隔离开关。

解:由于 10 kV 出线控制采用成套开关柜,选择 GN8 – 10T/600 高压隔离开关。选择计算结果列于表 6-6。

表 6-6 高压隔离开关选择校验表

序号	GN8 – 10T/600		选择要求	安装地点电气条件		结论
	项目	数据		项目	计算数据	
1	U_N	10 kV	≥	$U_{W \cdot N}$	10 kV	合格
2	I_N	600 A	≥	I_c	275 A	合格
3	i_{max}	52 kA	≥	$i_{sh}^{(3)}$	8.54 kA	合格
4	$I_t^2 t$	$20^2 \times 5 = 2\,000(kA^2 \cdot s)$	≥	$I_\infty^2 t_{dz}$	$3.35^2 \times (1.1 + 0.1) = 13.5(kA^2 \cdot s)$	合格

(四)高压熔断器的选择

高压熔断器有户内型和户外型两种,熔断器额定电压一般不超过 35 kV。熔断器没有触头,而且分断短路电流后熔体熔断,故不必校验动稳定和热稳定。仅需校验断流能力。

1. 高压熔断器的选择

(1)户内型熔断器主要有 RN1 型和 RN2 型,RN1 型用于线路和变压器的短路保护,而 RN2 型用于电压互感器保护。

(2)RN 型熔断器的额定电压应与线路额定电压相同,不得降低电压使用。

(3)户外型跌落式熔断器需校验断流能力上下限值,应使被保护线路的三相短路的冲击电流小于其上限值,而两相短路电流大于其下限值。

(4)高压熔断器除选择熔断器额定电流外,还要选择熔体额定电流。

2. 保护线路的熔断器的选择

(1)熔断器的额定电压 $U_{N \cdot FU}$ 应等于线路的额定电压 U_N,即

$$U_{N \cdot FU} = U_N \tag{6-36}$$

(2)熔体额定电流 $I_{N \cdot FE}$ 不小于线路计算电流 I_c,即

$$I_{N \cdot FE} \geqslant I_c \tag{6-37}$$

(3)熔断器额定电流 $I_{N \cdot FU}$ 不小于熔体的额定电流 $I_{N \cdot FE}$,即

$$I_{N \cdot FU} \geqslant I_{N \cdot FE} \tag{6-38}$$

(4)熔断器断流能力校验

①对限流式熔断器(如 RN1 型),其断流能力 I_{oc} 应满足

$$I_{oc} \geqslant I''^{(3)} \tag{6-39}$$

式中　$I''^{(3)}$——熔断器安装地点的三相次暂态短路电流的有效值,无限大容量系统中 $I''^{(3)} = I_\infty^{(3)}$,因为限流式熔断器开断的短路电流是 $I''^{(3)}$。

②对非限流式熔断器(如 RW4 型等),可能开断的短路电流是短路冲击电流,其断流能力应不小于三相短路冲击电流有效值 $I_{sh}^{(3)}$。

$$I_{oc} \geqslant I_{sh}^{(3)} \tag{6-40}$$

对断流能力有下限值的熔断器还应满足

$$I_{oc \cdot min} \leqslant I_k^{(2)} \tag{6-41}$$

式中　$I_{oc \cdot min}$——熔断器分断电流下限值;

　　　$I_k^{(2)}$——线路末端两相短路电流。

3. 保护电力变压器(高压侧)的熔断器熔体额定电流的选择

考虑到变压器的正常过负荷能力(20% 左右)、变压器低压侧尖峰电流及变压器空载合闸时的励磁涌流,熔断器熔体额定电流应满足

$$I_{N \cdot FE} = (1.5 \sim 2.0) \times I_{1N \cdot T} \tag{6-42}$$

式中　$I_{N \cdot FE}$——熔断器熔体额定电流;

　　　$I_{1N \cdot T}$——变压器一次绕组额定电流。

4. 保护电压互感器的熔断器熔体额定电流的选择

因为电压互感器二次侧电流很小,故选择 RN2 型专用熔断器作电压互感器短路保

护,其熔体额定电流为 0.5 A。

（五）互感器的选择

1. 电流互感器的选择

1）额定电压的选择

电流互感器的额定电压必须满足下列条件：

$$U_x \leq U_e \tag{6-43}$$

式中　U_x——电流互感器安装处的工作电压；

　　　U_e——电流互感器的额定电压。

2）额定变比的选择

长期通过电流互感器的最大工作电流应小于或等于互感器一次额定电流,即 $I_x < I_{1e}$,但不宜使互感器经常工作在额定一次电流的 $\frac{1}{3}$ 以下。电流互感器一次额定电流有 5 A、10 A、15 A、20 A、30 A、40 A、50 A、75 A、100 A、150 A、200 A、300 A、400 A、600 A、800 A、1 000 A、1 200 A、1 500 A、2 000 A、3 000 A、4 000 A、5 000 A、6 000 A、8 000 A、10 000 A。

3）准确度等级的选择

在发电厂、变电站、电力用户运行中的电能计量装置按其所计量的电量不同和计量对象的重要程度分五类（Ⅰ、Ⅱ、Ⅲ、Ⅳ、Ⅴ）进行管理。

（1）Ⅰ类电能计量装置。月平均用电量 500 万 kWh 及其以上或变压器容量为 10 000 kVA 及其以上的高压计费用户、200 MW 及其以上发电机、发电企业上网电量、电网经营企业之间的电量交换点、省级电网经营企业与其供电企业的供电关口计量点的电能计量装置。

（2）Ⅱ类电能计量装置。月平均用电量 100 万 kWh 及其以上或变压器容量为 2 000 kVA 及其以上的高压计费用户、100 MW 及其以上发电机、供电企业之间的电量交换点的电能计量装置。

（3）Ⅲ类电能计量装置。月平均用电量 10 万 kWh 及其以上或变压器容量为 315 kVA 及其以上的计费用户、100 MW 以下发电机、发电企业厂（站）用电量、供电企业内部用于承包考核的计量点、考核有功电量平衡的 110 kV 及其以上的送电线路电能计量装置。

（4）Ⅳ类电能计量装置。负载容量为 315 kVA 以下的计费用户、发供电企业内部经济技术指标分析、考核用的电能计量装置。

（5）Ⅴ类电能计量装置。单相供电的电力用户计费用电能计量装置。

各类电能计量装置应配置的电能表、互感器的准确度等级不应低于表 6-7 所示值。

表 6-7　配置的电能表、互感器准确度等级

电能计量装置类别	准确度等级			
	有功电能表	无功电能表	电压互感器	电流互感器
Ⅰ	0.2S 或 0.5S	2.0	0.2	0.2S 或 0.2
Ⅱ	0.5S 或 0.5	2.0	0.2	0.2S 或 0.2
Ⅲ	1.0	2.0	0.5	0.5S
Ⅳ	2.0	3.0	0.5	0.5S
Ⅴ	2.0	—		0.5S

注:0.2 级电流互感器仅发电机出口电能计量装置中配用。

4) 额定容量的选择与计算

电流互感器的额定容量 $S_{2e} = I_{2e}^2 Z_b$，Z_b 为互感器二次额定负载阻抗。接入互感器的二次负载容量 S_2 应满足 $0.25 S_{2e} \leqslant S_2 \leqslant S_{2e}$。

由于电流互感器二次额定电流 I_{2e} 已标准化，一般为 5 A，所以二次负载容量的计算主要取决于负载阻抗 Z_b 的计算。Z_b 包括表计阻抗 Z_m、接头的接触电阻 R_k（一般取 0.01 ~ 0.5 Ω）以及导线电阻。

负载阻抗中前两者为确定值，唯有导线电阻为不定值。导线的计算长度取决于测量仪表与电流互感器的电气距离和电流互感器的连接方式。

（1）分相连接时二次负载阻抗的计算。

分相连接（如图 6-15 所示）可按单相接线来计算。设每根导线电阻值为 R_L，二次回路负载阻抗为

$$Z_b = \sum Z_m + R_k + KR_L = \sum Z_m + R_k + 2R_L \tag{6-44}$$

导线电阻 R_L 前面的系数 K 称为接线系数，在这里 $K = 2$。

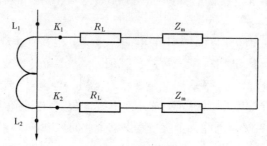

图 6-15　分相接线图

（2）两相星形连接时二次负载阻抗的计算。

从图 6-16 中看出，A 相电流互感器的二次电压为

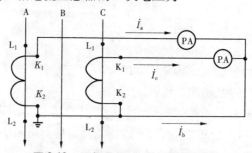

图 6-16　两相星形（V 形）原理接线图

$$\dot{U}_a = \dot{I}_a(Z_m + R_L + R_k) - \dot{I}_b R_L = \dot{I}_a Z_m + (\dot{I}_a - \dot{I}_b)R_L + \dot{I}_a R_k$$

$$= \dot{I}_a Z_m + \sqrt{3}\dot{I}_a e^{j30°} R_L + \dot{I}_a R_k = \dot{I}_a Z_b$$

所以，电流互感器二次负载为

$$Z = \frac{\dot{U}_2}{\dot{I}_2} \approx Z_M + \sqrt{3} R_L + R_k \tag{6-45}$$

其中，$K = \sqrt{3}$。

从上式得出，当电流互感器按两相星形连接时，二次导线电阻变为$\sqrt{3}\,R_L$。这也相当于导线长度增加到$\sqrt{3}\,L$，即所谓计算长度为$\sqrt{3}\,L$。

（3）三相星形连接时二次负载阻抗的计算。

同理分析，可得到

$$Z_b = Z_m + R_L + R_k \tag{6-46}$$

其中，$K = 1$，设三相电流平衡，所以$I_N = 0$。

5）电流互感器的校验

高压电流互感器二次侧线圈一般有一至数个不等，其中一个二次线圈用于测量，其他二次线圈用于保护。

电流互感器的主要性能如下：

（1）准确级。电流互感器测量线圈的准确级设为0.1、0.2、0.5、1、3、5六个级别（数值越小越精确），保护用的互感器或线圈的准确级一般为5P级和10P级两种。准确级的含义是：在额定频率下，二次负荷为额定负荷的25% ~ 100%，功率因数为0.8时，各准确级的电流误差和相位误差不超过规定的限值。在上述条件下，0.1级，其电流误差为0.1%，保护用电流互感器5P、10P级的电流误差分别为1%和3%，其复合误差分别为5%和10%。

（2）线圈铁芯特性。测量用的电流互感器的铁芯在一次电路短路时易于饱和，以限制二次电流的增长倍数，保护仪表。保护用的电流互感器铁芯则在一次电流短路时不应饱和，二次电流与一次电流成比例增长，以保证灵敏度要求。

（3）变流比与二次额定负荷。电流互感器的一次额定电流有多种规格可供用户选择。电流互感器的每个二次绕组都规定了额定负荷，二次绕组回路所带负荷不应超过额定负荷值，否则会影响精确度。

电流互感器的选择与校验主要有以下几方面：

（1）电流互感器型号的选择。根据安装地点和工作要求选择电流互感器的型号。

（2）电流互感器额定电压的选择。电流互感器额定电压应不低于装设点线路额定电压。

（3）电流互感器变比选择。电流互感器一次侧额定电流有20 A、30 A、40 A、50 A、75 A、100 A、150 A、200 A、300 A、400 A、600 A、800 A、1 000 A、1 200 A、1 500 A、2 000 A等多种规格，二次侧额定电流均为5 A。一般情况下，计量用的电流互感器变比的选择应使其一次额定电流I_{1N}不小于线路中的计算电流I_c。保护用的电流互感器为保证其准确度要求，可以将变比选得大一些。

（4）电流互感器准确度选择及校验。准确度选择的原则：计量用的电流互感器的准确度选0.2、0.5级，测量用的电流互感器的准确度选1.0 ~ 3.0级。为了保证准确度误差不超过规定值，互感器二次侧负荷S_2应不大于二次侧额定负荷S_{2N}，所选准确度才能得到保证。准确度校验公式为

$$S_2 \leq S_{2N} \tag{6-47}$$

二次回路的负荷 S_2 取决于二次回路的阻抗 Z_2 的值,即

$$S_2 = I_{2N}^2 \mid Z_2 \mid \approx I_{2N}^2 (\sum \mid Z_i \mid + R_{WL} + R_{tou})$$

或
$$S_2 \approx \sum S_i + I_{2N}^2 (R_{WL} + R_{tou}) \tag{6-48}$$

式中　S_i、Z_i——二次回路中的仪表、继电器线圈的额定负荷(VA)和阻抗(Ω);

　　　　R_{tou}——二次回路中所有接头、触点的接触电阻,一般取 $0.1\ \Omega$;

　　　　R_{WL}——二次回路导线电阻,计算公式为

$$R_{WL} = \frac{L_c}{\gamma S} \tag{6-49}$$

式中　γ——导线的导电率,铜线 $\gamma = 53\ m/(\Omega \cdot mm^2)$,铝线 $\gamma = 32\ m/(\Omega \cdot mm^2)$;

　　　　S——导线截面面积,mm^2;

　　　　L_c——导线的计算长度,m。

设互感器到仪表单向长度为 l_1,则

$$L_c = \begin{cases} l_1 & \text{星形接线} \\ \sqrt{3}\,l_1 & \text{两相 V 形接线} \\ 2l_1 & \text{一相式接线} \end{cases} \tag{6-50}$$

保护用互感器的准确度选 10P 级,其复合误差限值为 10%。为了正确反映一次侧短路电流的大小,二次电流与一次电流成线性关系,也需要校验二次负荷。为保证在短路时互感器变比误差不超过 10%,一般生产厂家都提供一次侧电流对其额定电流的倍数(I_1/I_{1N})与最大允许的二次负荷阻抗的关系曲线,简称 10% 误差曲线,如图 6-17 所示。通常是按电流互感器接入位置的最大三相短路电流来确定 I_1/I_{1N} 值,从相应互感器的 10% 曲线中找出横坐标上允许的二次阻抗 $Z_{2.al}$,使接入二次侧的总阻抗 Z_2 不超过 $Z_{2.al}$,则互感器的电流误差保证在 10% 以内。

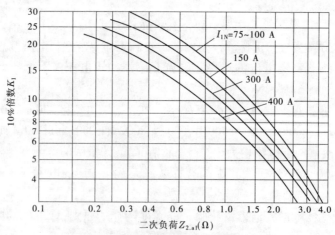

图 6-17　电流互感器 10% 误差曲线

电流互感器 10% 误差曲线校验步骤如下:

(1)按照保护装置类型计算流过电流互感器的一次电流倍数。

（2）根据电流互感器的型号、变比和一次电流倍数，在 10% 误差曲线上确定电流互感器的允许二次负荷。

（3）按照对电流互感器二次负荷最严重的短路类型，计算电流互感器的实际二次负荷。

（4）比较实际二次负荷与允许二次负荷。如实际二次负荷小于允许二次负荷，表示电流互感器的误差不超过 10%；如实际二次负荷大于允许二次负荷，则应采取下述措施，使其满足 10% 误差。

①增大连接导线截面或缩短连接导线长度，以减小实际二次负荷。

②选择变比较大的电流互感器，减小一次电流倍数，增大允许二次负荷。

6）电流互感器动稳定和热稳定校验

厂家的产品技术参数中都给出了电流互感器动稳定倍数 K_{es} 和热稳定倍数 K_t，因此按下列公式分别校验动稳定度和热稳定度即可。

（1）动稳定度校验：

$$K_{es} \times \sqrt{2} I_{1N} \geq i_{sh} \tag{6-51}$$

（2）热稳定度校验：

$$(K_t I_{1N})^2 t \geq I_{\infty}^{(3)2} t_{dz} \tag{6-52}$$

式中　t——热稳定电流时间。

有关电流互感器的参数可查表或其他有关产品手册。

【例 6-5】　按例 6-3 电气条件，选择柜内电流互感器。已知电流互感器采用两相式接线，如图 6-18 所示，其中 0.5 级二次绕组用于测量，接有三相有功电度表和三相无功电度表各一只，每一电流线圈消耗功率 0.5 VA，电流表一只，消耗功率 3 VA。电流互感器二次回路采用 BV - 500 - 1 × 2.5 mm² 的铜芯塑料线，互感器距仪表的单向长度为 2 m。

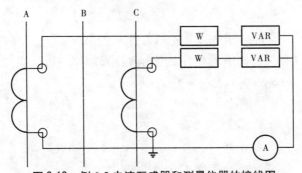

图 6-18　例 6-5 电流互感器和测量仪器的接线图

解：根据变压器 10 kV 额定电流 275 A，查电力工程设备手册，选变比为 400/5 A 的 LQJ - 10 型电流互感器，$K_{es} = 160$，$K_t = 75$，0.5 级二次绕组的 $Z_{2N} = 0.4\ \Omega$。

（1）准确度校验。

$$S_{2N} \approx I_{2N}^2 Z_{2N} = 5^2 \times 0.4 - 10(\text{VA})$$

$$S_2 \approx \sum S_i + I_{2N}^2 (R_{WL} + R_{tou})$$

$$= (0.5 + 0.5 + 3) + 5^2 \times [\sqrt{3} \times 2/(53 \times 2.5) + 0.1]$$

$$= 7.15 < 10(\text{VA})$$

满足准确度要求。

（2）动稳定度校验。

$$K_{es} \times \sqrt{2} I_{1N} = 160 \times 1.414 \times 0.4 = 90.50 > i_{sh} = 8.54(\text{kA})$$

满足动稳定度要求。

（3）热稳定度校验。

$$(K_t I_{1N})^2 t = (75 \times 0.4)^2 \times 1 = 900 > I_\infty^{(3)2} t_{dz} = 3.35^2 \times 1.2 = 13.5(\text{kA}^2 \cdot \text{s})$$

满足热稳定度要求。

所以，选择 LQJ – 10 400/5A 型电流互感器满足要求。

2. 电压互感器的选择

电压互感器的二次绕组的准确级规定为 0.1、0.2、0.5、1、3 五个级别，保护用的电压互感器规定为 3P 级和 6P 级，用于小电流接地系统电压互感器（如三相五芯柱式）的零序绕组准确级规定为 6P 级。

电压互感器的一二次侧均有熔断器保护，所以不需要校验短路动稳定度和热稳定度。

电压互感器的选择如下：

（1）按装设点环境及工作要求选择电压互感器型号。

（2）电压互感器的额定电压应不低于装设点线路额定电压。

（3）按测量仪表对电压互感器准确度要求选择并校验准确度。

计量用电压互感器准确度选 0.5 级以上，测量用的准确度选 1.0 ~ 3.0 级，保护用的准确度为 3P 级和 6P 级。

为了保证准确度的误差在规定的范围内，二次侧负荷 S_2 应不大于电压互感器二次侧额定容量，即

$$S_2 \leqslant S_{2N}$$

$$S_2 = \sqrt{\left(\sum P_i\right)^2 + \left(\sum Q_i\right)^2} \tag{6-53}$$

式中 $\sum P_i$、$\sum Q_i$——仪表、继电器电压线圈消耗的总有功功率、总无功功率，$\sum P_i = \sum (S_i \cos\varphi_i)$，$\sum Q_i = \sum (S_i \sin\varphi_i)$。

【例 6-6】 例 6-3 总降变电站 10 kV 母线配置三只单相三绕组电压互感器，采用 $Y_0/Y_0/\triangle$ 接法，作母线电压、各回路有功电能和无功电能测量及母线绝缘监视用。电压互感器和测量仪表的接线如图 6-19 所示。该母线共有四路出线，每路出线装设三相有功电度表和三相无功电度表及功率表各一只，每个电压线圈消耗的功率为 1.5 VA；母线设四只电压表，其中三只分别接于各相，作绝缘监视，另外一只电压表用于测量各线电压，电压线圈消耗的功率均为 4.5 VA。电压互感器 △ 侧电压继电器线圈消耗功率为 2.0 VA。试选择电压互感器，校验其二次负荷是否满足准确度要求。

解：根据要求查表，选三只 JDZJ – 10 型电压互感器电压比为 10 000/$\sqrt{3}$ V、100/$\sqrt{3}$ V、100/$\sqrt{3}$ V，0.5 级二次绕组（单相）额定负荷为 50 VA。

除三只电压表分别接于相电压外，其余设备的电压线圈均接于 AB 或 BC 线电压间，可将其折算成相负荷，B 相的负荷最大，若不考虑电压线圈的功率因数，接于线电压的负荷折算成单相负荷为

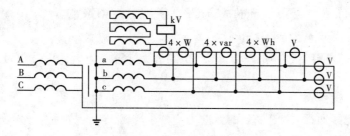

图6-19　电压互感器和测量仪器的接线图

$$S_{B\varphi} = \frac{1}{3}\left[\sqrt{3}\left(S_{AB}\right) + \left(3 - \sqrt{3}\right)S_{BC}\right] = S_{AB}$$

B 相：$S_2 = 4.5 + S_{B\varphi} + \dfrac{2}{3}$

$\qquad\quad = 4.5 + S_{AB} + \dfrac{2}{3}$

$\qquad\quad = 4.5 + \left[4.5 + 4 \times \left(1.5 + 1.5 + 1.5\right)\right] + 0.67$

$\qquad\quad = 27.67 < 50(VA)$

故二次负荷满足准确度要求。

3. 母线、支柱绝缘子和穿墙套管选择

1) 母线选择

母线都用支柱绝缘子固定在开关柜上,因而无电压要求,其选择条件如下：

(1) 型号选择。

母线的种类有矩形母线和管形母线,母线的材料有铜、铝。目前变电站的母线除大电流采用铜母线外,一般尽量采用铝母线。变配电站高压开关柜上的高压母线,通常选用硬铝矩形母线(LMY)。

(2) 母线截面选择。

① 按计算电流选择母线截面。

$$I_{al} \geqslant I_c \qquad\qquad (6\text{-}54)$$

式中　I_{al}——母线允许的载流量,A；

　　　I_c——汇集到母线上的计算电流,A。

② 对年平均负荷、传输容量较大时,宜按经济电流密度选择母线截面。

$$S_{ec} = \frac{I_c}{j_{ec}} \qquad\qquad (6\text{-}55)$$

式中　j_{ec}——经济电流密度；

　　　S_{ec}——母线经济截面。

(3) 硬母线动稳定度校验。

短路时母线承受很大的电动力,因此必须根据母线的机械强度校验其动稳定度。即

$$\sigma_{al} \geqslant \sigma_c \qquad\qquad (6\text{-}56)$$

式中 σ_{al}——母线材料最大允许应力,Pa,硬铝母线(LMY) σ_{al} = 70 MPa,硬铜母线

(TMY) σ_{al} = 140 MPa;

σ_c——母线短路时冲击电流 $i_{sh}^{(3)}$ 产生的最大计算应力。计算公式为

$$\sigma_c = \frac{M}{W} \tag{6-57}$$

式中 M——母线通过 $i_{sh}^{(3)}$ 时受到的弯曲力矩;

W——母线截面系数。

$$M = \frac{F_c^{(3)} l}{K} \tag{6-58}$$

式中 $F_c^{(3)}$——三相短路时,中间相(水平放置或垂直放置,如图 6-20 所示)受到的最大

计算电动力,N;

l——档距,m;

K——系数,当母线档数为 1 ~ 2 档时, K = 8,当母线档数为大于 2 档时, K = 10。

$$W = \frac{b^2 h}{6} \tag{6-59}$$

式中 b——母线截面水平宽度,m;

h——母线截面的垂直高度,m。

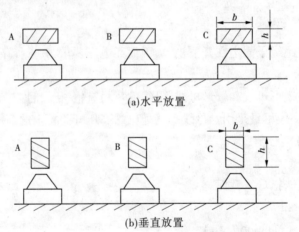

(a)水平放置

(b)垂直放置

图 6-20 水平放置和垂直放置的母线

(4)母线热稳定度校验。

母线截面面积应不小于热稳定最小允许截面面积 S_{min},即

$$S > S_{min} = I_{\infty}^{(3)} \frac{\sqrt{t_{dz}}}{C} \tag{6-60}$$

式中 $I_{\infty}^{(3)}$——三相短路稳态电流,A;

t_{dz}——假想时间,s;

C——导体的热稳定计算系数(单位为 A·$s^{\frac{1}{2}}$/mm²),铝母线 C = 87,铜母线 C =

171。

当母线实际截面面积大于最小允许截面面积时,满足热稳定度要求。

2）支柱绝缘子的选择

支柱绝缘子主要是用来固定导线或母线,并使导线或母线与设备或基础绝缘。支柱绝缘子有户内型和户外型两大类,户内支柱绝缘子(代号 Z)按金属附件的胶装方式有外胶装(代号 W)、内胶装(代号 N)、联合胶装(代号 L)三种。表6-8 列出了部分 10 kV 户内支柱绝缘子的有关参数。

表6-8　户内支柱绝缘子技术参数

产品型号	额定电压（kV）	机械破坏负荷(kN)（不小于）		总高度 H(mm)	瓷件最大公称直径（mm）	胶装方式
		弯曲	拉伸			
ZNA – 10MM ZN – 10/8	10	3.75	3.75	120	82	内胶装（N）MM 为上下附件为特殊螺母
ZA – 10Y ZB – 10T ZC – 10F	10	3.75	3.75	190	90	外胶装（不表示） A、B、C、D 表示机械破坏负荷等级 Y、T、F 表示圆、椭圆、方形底座
ZL – 10/16 ZL – 35/8	10 35	16 8	16 8	185 400	120 120	联合胶装（L）

支柱绝缘子的选择,应按下列条件:

（1）按使用场所（户内、户外）选择型号。

（2）按工作电压选择额定电压。

（3）校验动稳定度。

$$F_c^{(3)} \leq KF_{al} \tag{6-61}$$

式中　F_{al}——支柱绝缘子最大允许机械破坏负荷(见表6-8);

K——按弯曲破坏负荷计算时,$K = 0.6$,按拉伸破坏负荷计算时,$K = 1$;

$F_c^{(3)}$——短路时冲击电流作用在绝缘子上的计算力,母线在绝缘子上平放时,按 $F_c^{(3)} = F^{(3)}$ 计算,母线竖放时,则 $F_c^{(3)} = 1.4F^{(3)}$。

3）穿墙套管的选择

穿墙套管主要用于导线或母线穿过墙壁、楼板及封闭配电装置时,作绝缘支持和与外部导线间连接之用。按其使用场所来分有户内普通型、户外 – 户内普通型、户外 – 户内耐污型、户外 – 户内高原型及户外 – 户内高原耐污型五类;按结构形式分有铜导体、铝导体和不带导体(母线式)套管;按电压等级分有 6 kV、10 kV、20 kV 及 35 kV 等电压等级。

穿墙套管的型号及有关参数见表6-9。

表 6-9　穿墙套管主要技术参数

产品型号	额定电压 (kV)	额定电流 (A)	抗弯破坏负荷(kN)	总长 L (mm)	安装处直径 D(mm)	说　明
CA – 6/200	6	200	3.75	375	70	C 表示套管型式"瓷"; 第二字母 A、B、C、D 表示抗弯破负荷等级;铜导体不表示。W 表示户外 -户内型
CB – 10/600	10	600	7.5	450	100	
CWB – 35/400	35	400	7.5	980	220	
CWL – 10/600	10	600	7.5	560	114	L 表示铝导体, 第二个 W 表示耐污型
CWWL – 10/400	10	400	7.5	520	115	

穿墙套管按下列条件选择:

(1)按使用场所选择型号。

(2)按工作电压选择额定电压。

(3)按计算电流选择额定电流。

(4)动稳定度校验。

$$F_c \leqslant 0.6 F_{al} \tag{6-62}$$

$$F_c = \frac{K(l_1 + l_2)}{a} \times i_{sh}^{(3)2} \times 10^{-7} \quad (N) \tag{6-63}$$

式中　F_c——三相短路冲击电流作用于穿墙套管上的计算力,N;

$\quad\quad F_{al}$——穿墙套管允许的最大抗弯破坏负荷,N;

$\quad\quad l_1$——穿墙套管与最近一个支柱绝缘子间的距离,m;

$\quad\quad l_2$——套管本身的长度,m;

$\quad\quad a$——相间距离;

$\quad\quad K$——$K = 0.862$。

(5)热稳定度校验。

$$I_\infty^{(3)2} t_{dz} \leqslant I_t^2 t \tag{6-64}$$

式中　I_t——热稳定电流;

$\quad\quad t$——热稳定时间。

【例 6-7】　选择例 6-1 总降变电站 10 kV 室内母线,已知铝母线的经济电流密度为 1.15,假想时间为 1.2 s,母线水平放置在支柱绝缘子上,型号为 ZA – 10Y,跨距为 1.1 m,母线中心距为 0.3 m,变压器 10 kV 套管引入配电室穿墙套管型号为 CWL – 10/600,相间距离为 0.22 m,与最近一个支柱绝缘子间的距离为 1.8 m,试选择母线,校验母线、支柱绝缘子、穿墙套管的动稳定度和热稳定度。

解:(1)选择 LMY 硬铝母线,其按经济截面选择:

$$S_{ec} = \frac{I_{2N}}{j_{ec}} = \frac{275}{1.15} = 239(mm^2)$$

查电力工程设备手册,选择 LMY – 3 × (50 × 5)。

（2）母线动稳定度和热稳定度校验。

①母线动稳定度校验。

三相短路电动力：

$$F_c^{(3)} = \sqrt{3} K i_{sh}^{(3)2} \frac{l}{a} \times 10^{-7}$$

$$= \frac{1.732 \times 1 \times (8.54 \times 10^3)^2 \times 1.1}{0.3 \times 10^{-7}} = 46.3(\text{N})$$

弯曲力矩按大于 2 档计算：

$$M = \frac{F_c^{(3)} l}{10} = \frac{46.3 \times 1.1}{10} = 5.1(\text{N} \cdot \text{m})$$

$$W = \frac{b^2 h}{6} = \frac{0.05^2 \times 0.005}{6} = 2.08 \times 10^{-6}(\text{m}^3)$$

计算应力

$$\sigma_c = \frac{M}{W} = \frac{5.1}{2.08 \times 10^{-6}} = 2.45 \times 10^6(\text{Pa}) = 2.45 \text{ MPa}$$

$$\sigma_{al} = 70 \text{ MPa} > \sigma_c$$

母线满足动稳定度要求。

②母线热稳定度校验。

按式（6-60）

$$S_{\min} = I_\infty^{(3)} \frac{\sqrt{t_{dz}}}{C} = 3.35 \times 10^3 \times \frac{\sqrt{1.7}}{87} = 50.3(\text{mm}^2)$$

母线实际截面为 $S = 50 \times 5 = 250(\text{mm}^2) > S_{\min} = 50.3(\text{mm}^2)$

母线也满足热稳定度要求。

（3）支柱绝缘子动稳定度校验。

查表 6-8 支柱绝缘子最大允许的机械破坏负荷（弯曲）为 3.75 kN。

$$KF_{al} = 0.6 \times 3.75 \times 10^3 = 2\,250(\text{N})$$

按式（6-61）

$$F_c^{(3)} = 220 \text{ N} < KF_{al}$$

故支柱绝缘子满足动稳定度要求。

（4）穿墙套管动稳定度和热稳定度校验。

①动稳定度校验。

查电力工程设备手册，$F_{al} = 7.5$ kN，$l_2 = 0.56$ m，$l_1 = 1.8$ m，$a = 0.22$ m，按式（6-63）

则

$$F_c = \frac{K(l_1 + l_2)}{a} \times i_{sh}^{(3)2} \times 10^{-7} = \frac{0.862 \times (1.8 + 0.56)}{0.22} \times (8.54 \times 10^3)^2 \times 10^{-7}$$

$$= 67.5(\text{N})$$

$$0.6F_{al} = 0.6 \times 7.5 \times 10^3 = 4\,500(\text{N})$$

$$F_c < 0.6F_{al}$$

穿墙套管满足动稳定度要求。

②热稳定度校验。

额定电流为 600 A 的穿墙套管 5 s 热短时电流有效值为 12 kA,根据式(6-64):

$$I_\infty^{(3)2} t_{dz} = 3.35^2 \times 1.2 = 13.5 < I_t^2 t = 12^2 \times 5 = 720(\text{kA}^2 \cdot \text{s})$$

故穿墙套管满足热稳定度要求。

【任务实施】

1. 要求

对项目五任务三"设计电气主接线"总的电气设备进行选择。

2. 实施流程

(1)按项目五任务三中的小组进行任务实施。

(2)按项目六任务一中的短路电流计算结果进行电气设备选择。

(3)小组讨论 + 指导教师指导,选择设备、校验设备。

(4)小组交流讨论 + 指导教师指导,制定电气设备选择结果表。

3. 考核

根据电气设备结果表及选择过程考核。

项目七　配电装置

【项目介绍】

　　发电厂和变电站电气主接线中,所装开关电器、载流导体以及保护和测量电器等设备,按一定要求建造而成的电工建筑物,称为配电装置。它的作用是接受电能和分配电能,是发电厂和变电站的重要组成部分。本项目主要了解发电厂和变电站配电装置的类型及特点,为学生从事发电厂变电站相关工作奠定基础。

【学习目标】

1. 了解配电装置的概念。

2. 熟悉配电装置的类型及特点。

3. 能分析某发电厂变电站的配电装置类型及特点。

任务　配电装置的分析

【工作任务】　配电装置的分析。

【任务介绍】　该任务利用 220 kV 变电站仿真软件,让学生直观地了解配电装置的构成、基本要求及类型,理解最小安全净距的概念,掌握屋内、屋外配电装置的形式及应用范围,学习各种布置的平面图及断面图的画法。

【相关知识】

一、配电装置的类型及要求

(一)配电装置类型及特点

　　配电装置是电气一次接线的工程实施,是发电厂及变电站的重要组成部分。它是按电气主接线的要求,由开关电器、载流导体和必要的辅助设备所组成的电工建筑物,在正常情况下用来接受和分配电能;发生事故时能迅速切断故障部分,以恢复非故障部分的正常工作。配电装置,按电气设备装设地点,可分为屋内配电装置和屋外配电装置;按其组装方式,又可分为装配式和成套式。

　　屋内配电装置的特点如下所述:

　　(1)由于允许安全净距小和可以分层布置而使占地面积较小。

　　(2)维修、巡视和操作在室内进行,可减少维护工作量,不受气候影响。

（3）外界污秽空气对电气设备影响较小，可以减少维护工作量；房屋建设投资较大，建设周期长，但可采用价格较低的户内型设备。

（4）电气设备之间的距离小，通风散热条件差，且不便于扩建。

（5）房屋建筑投资大，但可采用价格较低的屋内型设备，能减小一些设备的投资。

屋外配电装置的特点如下所述：

（1）土建工作量和费用较小，建设周期短。

（2）与屋内配电装置相比，扩建比较方便。

（3）相邻设备之间距离较大，便于带电作业。

（4）与屋内配电装置相比，占地面积大。

成套配电装置的特点如下所述：

（1）电气设备布置在封闭或半封闭的金属中，相间和对地距离可以缩小，结构紧凑，占地面积小。

（2）所有设备已在工厂组装成一体。

（3）运行可靠性高，维护方便。

（4）耗用钢材较多，造价较高。

（二）配电装置的基本要求

（1）保证工作的可靠性。配电装置的可靠性，直接反映着故障的可能性及其影响范围。发生故障的可能性和影响范围越小，配电装置的可靠性越高。而配电装置是按照电气主接线所选定的电气设备和连接方式进行布置的，所以要保证配电装置工作的可靠性，必须正确设计电气主接线和继电保护装置，合理地选择电气设备和其他元件，并在运行中严格执行操作规程。

（2）保证运行安全和操作巡视方便。配电装置布置要整齐清晰，并能在运行中满足对人身和设备的安全要求，如保证各种电气安全净距，装设防误操作的闭锁装置，采取防火、防爆和蓄油、排油措施，考虑设备防冻、防阵风、抗震、耐污等性能，使配电装置一旦发生事故时，能将事故限制到最小范围和最低程度，并使运行人员在正常操作和处理事故的过程中不致发生意外情况，以及在检修维护过程中不致损害设备。

（3）节约用地。我国人口众多，但耕地却不多，因此在安全可靠的前提下，配电装置的布置应合理、紧凑，少占地，不占良田和避免大量的土石方开挖。在土地紧张的情况下，占地可能成为设计配电装置的主要制约因素。

（4）节约投资和运行费。配电装置的投资较高，其要求和建造条件往往差别很大，因此应根据电压等级、电器制造水平和自然条件等因素，通过技术经济比较，决定采用配电装置的型式。尽可能节省设备和器材，尤其是节省绝缘材料、有色金属和钢材；尽量选用预制构件和成套设备，采用先进技术和先进的施工方法，尽可能降低投资和运行费用。

（5）便于扩建和分期过渡。配电装置应能够在不影响正常运行和不需要经大规模改建的条件下，进行扩建和完成分期过渡。

二、配电装置的形式

(一)屋内配电装置

屋内配电装置的结构形式与电气主接线、电压等级和采用的电气设备的型式密切有关。且随着新设备新技术的采用,施工、运行、检修经验的不断丰富,以及人们的习惯和观念的改变,其结构形式不断发展。目前,屋内配电装置的主要形式有装配式和成套式两种。

为了将设备的故障影响限制在最小范围内,使故障的电路不致影响到相邻的电路,在检修一个电路中的电器时,避免检修人员与邻近电路的电器接触,在屋内配电装置中将一个电路内的电器与相邻电路的电器用防火隔墙隔开形成一个间隔。同一个电路的电器和导体应布置在一个间隔内,并在现场组装,这样的结构形式称为装配式屋内配电装置。它适用于 6～10 kV 出线带电抗器的配电装置,布置方式采用三层装配式布置、两层装配式布置以及两层装配与成套式混合布置。三层、两层装配式配电装置通过设计、施工及运行的长期实践,所暴露的问题和缺点较多,如土建结构复杂,留孔及埋件很多,建筑安装的施工工作量大,工期长,运行巡视费时,操作不便,不利于事故处理等。近几年一般采用两层装配与成套式混合布置,使配电装置的结构大为简化,大大减少了建筑安装工作量,缩短了建设周期,便于运行操作。

成套式配电装置是由制造厂成套供应的设备。同一个回路的开关电器、测量仪表、保护电器和辅助设备都由制造厂装配在一个或两个全封闭或半封闭的金属柜中,构成一个回路。一个柜就是一个间隔。按照电气主接线的要求,选择制造厂家生产的各种电路的开关柜组成整个配电装置。从制造厂将成套设备运到现场进行组装即可。成套配电装置分为低压成套配电装置、高压成套配电装置和 SF₆ 全封闭组合电器。

1. 屋内配电装置的最小安全净距

为了安全可靠,高压配电装置规程中规定了屋内外配电装置的安全净距。所谓安全净距,是以保证不放电为条件,该级电压允许的在空气中的物体边缘的最小电气距离。它不但保证正常运行的绝缘需要,而且也保证运行人员的安全需要。

《3～110 kV 高压配电装置设计规范》(GB 50060—92)规定了各种安全净距,其中最基本的是带电部分对接地部分之间和不同相带电部分之间的最小安全净距 A_1 和 A_2 值。在这一距离下,无论是正常最高工作电压或者出现内外过电压,都不会使空气间隙击穿。其他电气距离是在 A 值的基础上再考虑一些实际因素决定的。屋内配电装置中各有关部分之间的最小安全净距见表 7-1。

在实际配电装置中,为考虑短路电流电动力的影响和施工误差等因素,屋内配电装置各相带电体之间的距离通常为 A 值的 2～3 倍。图 7-1 为屋内配电装置的 A、B、C、D、E 值示意图。

2. 屋内成套配电装置的类型

屋内低压成套配电装置,适用于交流 50 Hz、额定电压在 500 V 以下、额定电流在 3 150 A以下的三相配电系统中,作动力、照明及配电设备的电能转换、分配与控制之用。每个柜中分别装有闸刀开关、自动空气开关、接触器、熔断器、仪用互感器、母线以及测量、信号装置等设备。由制造厂组成多种一次线路方案并进行编号,供给用户选用。低压配电装置的形式较多,就结构而言,主要有固定式和抽屉式两种。固定式低压配电柜的屏面上部安装测量仪表,中部装闸刀开关的操作手柄,柜下部为外开的金属门。柜内上部有继电器、二次端子和电能表。母线装在柜顶,自动空气开关和电流互感器都装在柜后。固定式低压配电柜一般离墙安装,单面(正面)操作,双面维护。如 GGD 型的低压配电柜,是本着安全、经济、合理、可靠的原则设计的新型低压配电柜,其分断能力高,动热稳定性好,电气方案灵活,组合方便,实用性强,结构新颖,防护等级高。抽出式低压开关柜为封闭式结构,主要设备均放在抽屉内或手车上。

表 7-1　户内配电装置的安全净距　　　　　(单位:mm)

符号	适用范围	额定电压(kV)									
		3	6	10	15	20	35	60	110J	110	220J
A_1	1. 带电部分至接地部分之间; 2. 网、板状遮栏向上延伸线距地 2.3 m 处,与遮栏上方带电部分之间	70	100	125	150	180	300	550	850	950	1 800
A_2	1. 不同相的带电部分之间; 2. 断路器和隔离开关的断口两侧带电部分之间	75	100	125	150	180	300	550	900	1 000	2 000
B_1	1. 栅状遮栏至带电部分之间; 2. 交叉的不同时停电检修的无遮栏带电部分之间	825	850	875	900	930	1 050	1 300	1 600	1 700	2 550
B_2	网状遮栏至带电部分之间	175	200	225	250	280	400	650	950	1 050	1 900
C	无遮栏裸导体至地(楼)面之间	2 375	2 400	2 425	2 450	2 480	2 600	2 850	3 150	3 250	4 100
D	平行的不同时停电检修的无遮栏裸导体之间	1 875	1 900	1 925	1 950	1 980	2 100	2 350	2 650	2 750	3 600
E	通向屋外的出线套管至屋外通道的路面	4 000	4 000	4 000	4 000	4 000	4 000	4 500	5 000	5 000	5 500

注:J 指中性点直接接地系统。

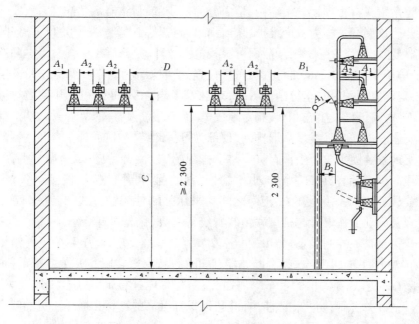

(a)屋内A_1、A_2、B_1、B_2、C、D值校验图

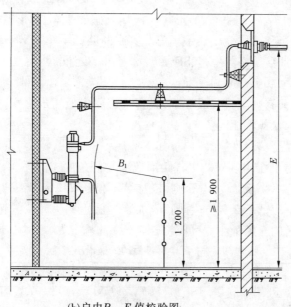

(b)户内B_1、E值校验图

图7-1　户内配电装置最小安全净距的校验图　（单位:mm）

屋内高压成套配电装置,在3～35 kV的高压开关柜系列较多,如JYN系列、KYN系列、GBC系列、KGN系列、XGN系列、XYN系列等。高压开关柜内配用的主开关为真空断路器、SR断路器和少油断路器。目前,少油断路器已逐渐被真空断路器和SF_6断路器取代。柜型和主开关的选择,应根据工程设计、造价、使用场所、保护对象来确定。

固定式高压开关柜以XGN2－12箱型固定式金属封闭开关柜为例。XGN2－12型高压开关柜为角钢或弯板焊接骨架结构,柜内分为母线室、断路器室、继电器室,室与室之间用钢板隔开。该型开关柜为双面维护,从前面可监视仪表,操作主开关和隔离开关,监视真空断路器及开门检修主开关;从后面可寻找电缆故障,检修维护电缆头等。断路器室高1 800 mm,电缆头高780 mm,维护人员可方便地站在地面上检修。隔离开关采用旋转式隔离开关,当隔离开关打开至分断位置时,动触刀接地,在主母线和主开关之间形成两个对地断口,带电只可能发生在间、相对地放电,而不致波及被隔离的导体,从而保证了检修人员的安全。母线室母线呈品形排列,顶部为可拆卸结构,贯通若干台开关柜的长条主母线可方便地安装固定。柜中部有贯穿整个排列的二次小母线及二次端子室,可方便检查二次接线。柜底部有贯穿整个排列的接地母线,保证可靠的接地连接。XGN2 - 12 箱式柜主开关、隔离开关、接地开关、柜门之间均采用强制性闭锁方式,具有完善的“五防”功能。主开关传动操作设计与机械联锁装置统筹考虑,结构简单,动作可靠。根据《交流金属封闭开关设备和控制设备》(GB 3906—2006)等标准要求,高压开关柜的闭锁装置应具有“五防”功能:即防止误分、误合断路器;防止带负荷分、合隔离开关或带负荷推入、拉出金属封闭(铠装)式开关柜的手车隔离插头;防止带电挂接地线或合接地开关;防止带接地线或接地开关合闸;防止误入带电间隔,以保证可靠的运行和操作人员的安全。

手车式高压开关柜介绍 JYN1 - 40.5(Z)型间隔移开式交流金属封闭开关设备。该型开关柜分为柜体和手车两大部分,柜体由型钢及钢板弯焊而成;手车按其用途可分为断路器手车、避雷器手车、隔离手车、Y 形接法电压互感器手车、V 形接法电压互感器手车、单相电压互感器手车和站用变压器手车等。其中断路器手车有 ZN85 - 40.5 真空断路器手车、ZN23 - 40.5 真空断路器手车、SF_6 断路器手车、少油断路器手车。

3. 屋内成套配电装置的布置要求

屋内配电装置又有装配式和成套式,成套式有屋内低压成套配电装置和屋内高压成套配电装置,其要求也各不相同。

屋内低压成套配电装置的布置要求如下所述:

(1)屋内低压成套配电装置的电气距离应满足规范要求。无遮栏裸导体布置在屏前通道上方,其高度应不小于 2.5 m;否则,应加装不低于 2.2 m 高的遮栏。若布置在屏后通道上方,其高度不应低于 2.3 m;否则,应加装不低于 1.9 m 高的遮栏。成排布置的配电屏,其屏前和屏后的通道最小宽度应符合表 7-2 的规定。

表7-2　配电屏前后的通道最小宽度　　　　　　(单位:mm)

配电屏类型		单排布置			双排面对面布置			双排背对背布置			多排同向布置		
		屏前	屏后		屏前	屏后		屏前	屏后		屏前	屏后	
			维护	操作		维护	操作		维护	操作		前排	后排
固定式	不受限制时	1 500	1 000	1 200	2 000	1 000	1 200	1 500	1 500	2 000	2 000	1 500	1 000
	受限制时	1 300	800	1 200	1 800	800	1 200	1 300	1 300	2 000	2 000	1 300	800
抽屉式	不受限制时	1 800	1 000	1 200	2 300	1 000	1 200	1 800	1 000	2 000	2 300	1 800	1 000
	受限制时	1 600	800	1 200	2 000	800	1 200	1 600	800	2 000	2 000	1 600	800

注:1. 受限制时是指受到建筑平面的限制、通管内有柱等局部突出物的限制。

2. 屏后操作通道是指需在屏后操作运行中的开关设备的通道。

（2）低压配电装置的维护通道的出口数目，按配电装置的长度确定：长度不足 6 m 时，允许一个出口；长度超过 6 m 时，应设两个出口，并布置在通道的两端；当两出口之间的距离超过 15 m 时，其间应增加出口。

（3）低压配电室长度超过 7 m 时，应设两个出口，并宜布置在配电室的两端。当低压配电室为楼上和楼下两部分布置时，楼上部分的出口应至少有一个为通向该层走廊或室外的安全出口。

配电室的门均应向外开启，但通向高压配电装置室的门应双向开启门。

屋内高压成套配电装置的布置要求如下所述：

（1）配电装置的布置和设备的安装，应满足在正常、短路和过电压等工作条件时的要求，并不致危及人身安全和周围设备。

（2）配电装置的绝缘等级，应和电力系统的额定电压相配合。

（3）屋内配电装置的安全净距不应小于表 7-1 所列数值；电气设备外绝缘体最低部位距地小于 2.3 m 时，应装设固定遮栏。配电装置中相邻带电部分的额定电压不同时，应按较高的额定电压确定其安全净距。

（4）配电装置的布置应考虑便于设备的操作、搬运、检修和试验。配电装置室内的各种通道应畅通无阻，不得设立门槛，并不应有与配电装置无关的管道通过。通道的宽度应不小于表 7-3 中的数值。

表 7-3 配电装置室内各种通道的最小宽度 （单位：mm）

布置方式	通道分类			
	维护通道	操作通道		通往防爆间隔的通道
		固定式	成套手车式	
一面有开关设备时	800	1 500	单车长 + 1 200	1 200
两面有开关设备时	1 000	2 000	双车长 + 900	1 200

（5）长度大于 7 m 的高压配电装置室，应有两个出口，并宜布置在配电装置室的两端；长度大于 60 m 时，宜增添一个出口；当配电装置室有楼层时，一个出口可设在通往屋外楼梯的平台处。配电装置室的门应为向外开启的防火门，应装弹簧锁，严禁用门闩，相邻配电装置室之间如有门则应能双向开启；配电装置室可开窗，但应采取防止雨、雪、小动物、风沙及污秽尘埃进入的措施。

（6）屋内配电装置或引至屋外母线桥上的硬母线为消除因温度变化而可能产生的危险应力，应按下列长度装设母线伸缩补偿器：铜母线 30～50 m；铝母线 20～30 m；钢母线 35～60 m。

（7）便于扩建和分期过渡。

（二）屋外配电装置

根据电器和母线布置高度，屋外配电装置可分为中型、半高型和高型三种。

中型布置是将所有电器安装在一个水平面内，与母线、跳线成三种不同高层的布置方式。设备在一定高度的支架或基础上，使设备的带电部分与地面保持必要的高度，以便工作人员在地面安全活动。设备布置清晰,巡视检查设备时,视距短而清楚,不易误操作。

半高型布置是将断路器、电流互感器布置在相邻的一组母线下方,该组母线布置升高的布置方式。

高型布置是将断路器、电流互感器布置在旁路母线下方,同时两组工作母线重叠布置的布置方式。

半高型、高型布置可以节省占地,但构架消耗较多,且巡视检查不便,因此220 kV及其以下的屋外配电装置普遍采用中型布置。只有在土地紧张情况下,110 kV可采用半高型,220 kV可采用高型布置方式。

中型布置分为单列和双列两种形式。单列式是将进出线的断路器都排成一列布置在母线一侧。它节省配电装置场地的纵向尺寸,但引线跨数较多。双列式是将进线断路器和出线断路器分别排成两列布置在母线两侧。该布置减少间隔内跨线和跨线门型架构,使配电装置简化。屋外配电装置一般采用双列式布置,仅在配电装置场地受到纵向地形限制时才采用单列式布置。

屋外配电装置按照电气主接线要求,一般由下列间隔组成:电力变压器间隔(进线间隔)、出线间隔、电压互感器和避雷器间隔、母线分断间隔。每一个间隔应包括该部分电路的全部设备。间隔的横向和纵向尺寸主要有配电装置的电压等级决定。

1. 屋外配电装置的最小安全净距

屋外配电装置的安全净距应符合表7-4的规定。

表7-4 屋外配电装置的安全净距　　　　　　　　(单位:mm)

符号	适用范围	额定电压(kV)								
		3~10	15~20	35	60	110J	110	220J	330J	500J
A_1	1. 带电部分至接地部分之间; 2. 网、板状遮栏向上延伸线距地2.3 m处,与遮栏上方带电部分之间	200	300	400	650	900	1 000	1 800	2 500	3 800
A_2	1. 不同相的带电部分之间; 2. 断路器和隔离开关的断口两侧带电部分之间	200	300	400	650	1 000	1 100	2 000	2 800	4 300
B_1	1. 栅状遮栏至带电部分之间; 2. 交叉的不同时停电检修的无遮栏带电部分之间	950	1 050	1 150	1 400	1 650	1 750	2 550	3 250	4 550
B_2	网状遮栏至带电部分之间	300	400	500	750	1 000	1 100	1 900	2 600	3 900
C	无遮栏裸导体至地(楼)面之间	2 700	2 800	2 900	3 100	3 400	3 500	4 300	5 000	7 500
D	平行的不同时停电检修的无遮栏裸导体之间	2 200	2 300	2 400	2 600	2 900	3 000	3 800	4 500	5 800

注:J指中性点直接接地系统。

在实际配电装置中,对屋外配电装置的软绞线在短路电动力、风摆、温度等因素作用下,使相间及对地距离减小,通常也比 A 值大。图 7-2 为屋外配电装置的 A、B、C、D、E 值示意图。

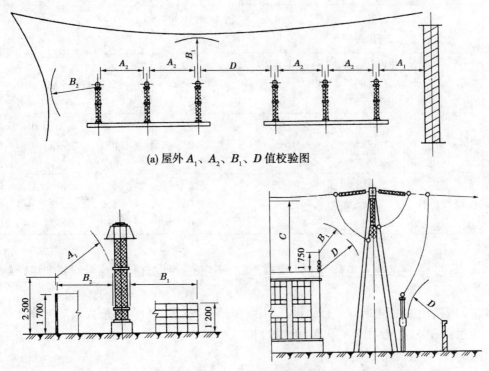

(a) 屋外 A_1、A_2、B_1、D 值校验图

(b) 屋外 A_1、B_1、B_2、C、D 值校验图

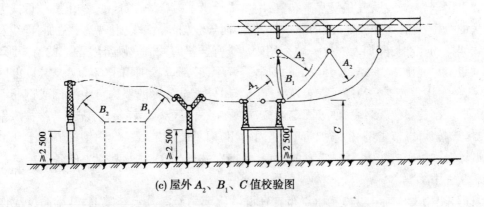

(c) 屋外 A_2、B_1、C 值校验图

图 7-2 屋外配电装置最小安全净距的校验图 （单位:mm）

2. 屋外配电装置的布置要求

(1)屋外配电装置的有关尺寸可取推荐值,见表 7-5。

(2)当电气设备外绝缘体最低部位距地面小于 2.5 m 时,应装设固定遮栏。

(3)配电装置中相邻带电部分的额定电压不同时,应按较高的额定电压确定其安全净距。

表7-5　中型配电装置有关尺寸推荐值　　　　　　　　　　（单位:m）

名称		电压等级(kV)			
		35	63	110	220
弧垂	母线	1.0	1.1	0.9~1.1	2.0
	进出线	0.7	0.8	0.9~1.1	2.0
线间距离	Ⅱ型母线架	1.6	2.6	3.0	5.5
	门型母线架	—	1.6	2.2	4.0
	进出线架	1.3	1.6	2.2	4.0
架构高度	母线架	5.5	7.0	7.3	10.0~10.5
	进出线架	7.3	9.0	10.0	14.0~14.5
	双层架	—	12.5	13.0	21.0~21.5
架构宽度	Ⅱ型母线架	3.2	5.2	6.0	11.0
	门型母线架	—	6.0	8.0	14.0~15.0
	进出线架	5.0	6.0	8.0	14.0~15.0

（4）屋外配电装置带电部分的上面或下面,不应有照明、通信和信号线路架空跨越或穿过。

（5）各级电压配电装置的回路排列和相序排列应尽量一致。一般为面对电源自左向右,由远到近,从上到下按 A、B、C 相序排列。

3.屋外配电装置的布置

（1）母线和架构。屋外配电装置的母线有软母线和硬母线两种。220 kV 以下软母线主要采用钢芯铝绞线,三相呈水平布置,用悬式绝缘子串悬挂在母线架构上。软母线可选较大的档距,但档距越大,导线的弧垂越大,因而导线相间及对地距离就要增加,母线及跨越线架构的宽度均需加大。故一般采用表7-5 所推荐的数值。硬母线常用的有矩形、管形。矩形母线用于 35 kV 及其以下的配电装置中;管形母线则用于 60 kV 及其以上的配电装置中,用户外支柱绝缘子安装在支架上。屋外配电装置的架构可由型钢或钢筋混凝土制成。钢构架经久耐用,便于固定设备,抗震性好,但金属消耗量大,需经常维护。钢筋混凝土构架可以节省钢材,维护简单,坚固耐用,但不便固定设备。用钢筋混凝土环形杆和镀锌钢梁组成的架构,兼顾二者的优点,目前在我国 220 kV 及其以下的各类配电装置中广泛应用。

（2）电力变压器。电力变压器布置在混凝土或钢筋混凝土基础上,基础高度应保证变压器出线绝缘套管底部对地距离在 2.5 m 以上。基础一般做成双梁并铺以铁轨,轨距等于变压器的滚轮中心距。为了防止变压器发生事故时燃油流失使事故范围扩大,单个油箱的油量在 1 000 V 以上的变压器,应设置能容纳 100% 或 20% 油量的储油池或挡油墙;设有容纳 20% 油量的储油池或挡油墙时,应有将油排到安全处所的设施,且不应引起污染危害。变压器基础应比储油池高 0.1 m,储油池四壁应高于屋外场地 0.1 m。储油池内铺设厚度不小于 0.25 m 的卵石层,卵石直径为 0.05~0.08 m。主变压器与建筑物的距离不应小于 1.25 m,且距变压器 5 m 以内的建筑物,在变压器总高度以下及外廊两侧各 3 m 的范围内,不应有门、窗和通风口。当变压器的油量超过 2 500 kg 以上时,两台变压器之间的防火净距应满足要求,如布置困难时,应设防火墙。

(3)电器的布置。真空断路器、SR 断路器和少油断路器有低式和高式布置。低式布置的断路器安装在 0.5 ~ 1 m 的混凝土基础上,其优点是检修比较方便、抗震性好,但低式布置必须设置围栏,因而影响通道的畅通。一般在中型配电装置中,断路器和互感器多采用高式布置,即将它们安装在较高的混凝土基础上,基础高度应满足:①电器支柱绝缘子最低裙边的对地距离为 2.5 m;②电器间的连线对地面距离应符合 C 值要求。

隔离开关和互感器均采用高式布置,一般安装专门的钢筋混凝土支架上,其要求与断路器相同。隔离开关的操作机构装在其靠边一相的基础上,安装高度一般为 1.1 ~ 1.3 m。

避雷器也有高式和低式两种布置。110 kV 及其以上的阀型避雷器由于器身细长,多落地安装在 0.4 m 的基础上。氧化锌避雷器、磁吹避雷器及 35 kV 阀型避雷器形体矮小,稳定性较好,一般采用高式布置。

(4)电缆沟。屋外配电装置中电缆沟的布置,应使电缆所走的路径最短。一般横向电缆沟布置在断路器和隔离开关之间。电缆沟应有可揭开的盖板,屋外电缆沟的盖板应稍高于屋外场地标高。电缆沟应有不小于 0.5% 的排水坡度且不应排向厂房侧。

(5)通道与围栏。为了运输设备和消防的需要,应在主要设备近旁铺设行车道路。主行车道宽度不小于 3.5 m,主厂房前应设回车场。屋外配电装置场地内应设置 0.8 ~ 1.0 m 宽的环形小道。可利用屋外电缆沟兼作运行巡视通道,配电装置的外围一般设 2 ~ 3 m 高的围墙。配电装置中电气设备的遮栏高度,不应低于 1.7 m,遮栏网孔不应大于 40 mm × 40 mm;配电装置中的栅栏高度,不应低于 1.2 m,栅栏最低栏杆至地面的净距,不应大于 200 mm。围栏应上锁。

(6)场地。屋外配电装置的场地必须整平、夯实,以确保地基承载力能满足设备的动、静荷载要求,不应出现塌陷或不均匀沉陷现象。屋外配电装置场地的地面,可用混凝土铺面以防杂草生长,场地坡度应不小于 0.5%。

(7)辅助设施。屋外配电装置场地四周应设运行巡视和检修照明。当环境温度低于电气设备、仪表和继电器的最低允许温度时,应装设加热装置或其他保温措施。

4. 屋外配电装置布置实例

图 7-3 为某水电站 110 kV 屋外配电装置的平、断面图。该水电站装机容量为 2 × 25 000 kW,发电机电压侧为发电机—变压器单元接线,110 kV 侧为单母线接线,设两台双绕组变压器,容量为 2 × 31 500 kVA,其电压等级为 10 kV 和 110 kV,其中 10 kV 电压配电装置采用户内手车式成套配电装置。110 kV 出线两回,主接线形式为单母线接线,110 kV 电气设备采用屋外中型双列布置。主变压器两台,油重均超过 1 000 kg,按规定设置容纳 20% 油量的储油池及排油设施。110 kV 母线采用 LCJ - 185 钢芯铝绞线。

架设在距地面 7.3 m 高的钢筋混凝土预制构架上,相间距离为 2.2 m,母线绝缘子串采用 8 片 XWP2 - 70 型耐张绝缘子,母线跨距为 24 m。110 kV SF₆ 断路器安置在混凝土基础上。隔离开关均采用 GW4 - 110 ⅡD/630 型和 GW4 - 110D/630 型双柱型结构带接地刀闸的隔离开关。隔离开关安装在 2.7 m 的钢筋混凝土支架上;电流互感器、电容式电

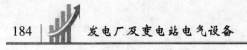

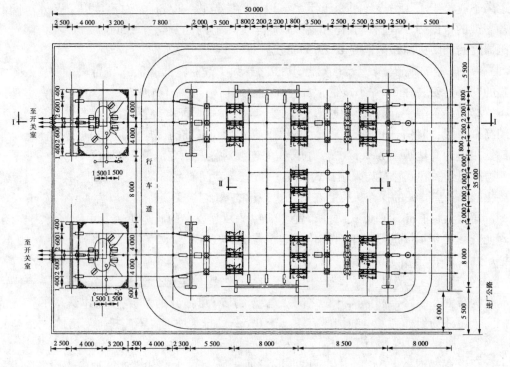

(a) 平面布置图

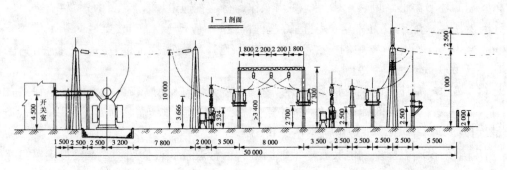

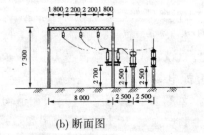

(b) 断面图

图 7-3　水电站 110 kV 屋外配电装置平面布置图和断面图　（单位:mm)

压互感器和氧化锌避雷器均安装在距地面 2.5 m 高的钢筋混凝土支架上。110 kV 各间隔宽度为 8 m。出线门型架构距地面高度为 10 m,进出线的相间距离为 2.2 m。进出线断路器分别布置在母线两侧,整个配电装置共 5 个间隔但只占 3 个间隔的横向场地。整个配电装置的总面积为 50 m × 35 m。

(三)SF$_6$ 全封闭组合电器

SF$_6$ 全封闭组合电器是将电气一次接线中的高压电器元件,包括断路器、隔离开关、母线、接地开关、电流互感器、电压互感器、避雷器、出线套管、电缆终端头等设备按照具体接线的要求,组合在一个封闭的接地的钢制壳体内,充以一定压力的 SF$_6$ 气体,形成以 SF$_6$ 气体为绝缘和灭弧介质的金属封闭式开关设备,并通过电缆终端、进出线套管或封闭母线与电力系统连接,构成封闭式组合电器的各电气元件,都制成独立标准结构,另有各种过渡元件(二通、三通、波纹管等)可以适应各种电气主接线的要求进行组合和布置。图 7-4 为 ZF–220 型进出线回路断面图。

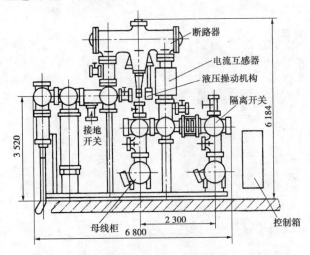

图 7-4 ZF–220 型进出线回路断面图 (单位:mm)

为了支持和检修,母线布置在下部,双断口断路器水平布置在上部,出线用电缆,整个装置按回路顺序布置,结构紧凑。母线采用三相共箱式,母线呈等腰三角形布置,其余元件均采用分箱式,支持带电体的盆式绝缘子将装置按功能与需求分隔成不漏气的隔离室,并分别监控。隔离室可起限制故障范围,在检修、扩建时减小停电范围的作用。在两组母线结合处设有伸缩节,以减小由于温度或安装误差引起的附加应力。外壳上还装有检查孔、窥视孔和防爆盘等设备。

1. SF$_6$ 全封闭组合电器的优点

(1)运行安全、可靠。SF$_6$ 具有很高的介电强度,其绝缘强度与其压力(密度)成正比,因而可通过改变 SF$_6$ 的充气压力,达到不同的绝缘耐受等级,且绝缘性能十分稳定。由于其带电体封闭在钢制壳体中,不受大气和尘埃污染而造成事故。SF$_6$ 是不燃的惰性气体,不发生火灾,一般不会发生爆炸事故。

(2)检修周期长、维护工作量小。全封闭电器由于触头很少氧化,触头开断时烧损也甚微,一般可运行 10 年或切断额定开断电流 15 ~ 30 次或正常开断 1 500 次。漏气量不大于 1% ~ 3%,且用吸附器保持干燥,补气和换过滤器工作量也很小。

(3)大量节省配电装置所占面积和空间。全封闭电器比敞开式的比率可近似估算为 $10/U_N$,电压越高,效果越显著。

(4)土建和安装工作量小,建设速度快,且配置灵活,环境适应性好。

(5)减小电动力。由于金属外壳屏蔽作用,消除了无线电的干扰、静电感应和噪声,减少了短路时作用到导体上的电动力。另外,也使工作人员不会偶然触及带电导体。

(6)抗震性能好。

2. SF_6 全封闭组合电器的缺点

(1)SF_6 全封闭电器对材料性能、加工精度和装配工艺要求极高,工件上的任何毛刺、油污、铁屑和纤维都会造成电场不均,使 SF_6 抗电强度大大下降。

(2)需要专门的 SF_6 气体系统和压力监视装置,且对 SF_6 的纯度和水分都有严格的要求。

(3)金属消耗量大。

【任务实施】

1. 要求

分析某发电厂或变电站配电装置。

2. 实施流程

(1)分小组收集发电厂或变电站配电装置实例图片。

(2)分析发电厂或变电站配电装置的类型、特点、安全净距等。

(3)小组交流讨论 + 指导教师指导。

3. 考核

阐述收集的图片内容 + 教师提问考核。

附　录

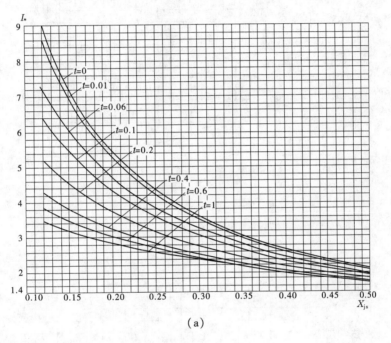

（a）

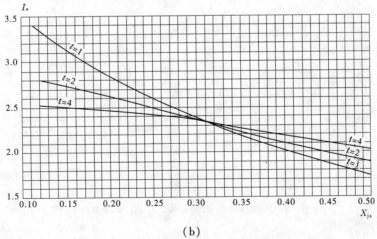

（b）

附图 1　汽轮发电机运算曲线（$X_{js} = 0.12 \sim 0.50$）

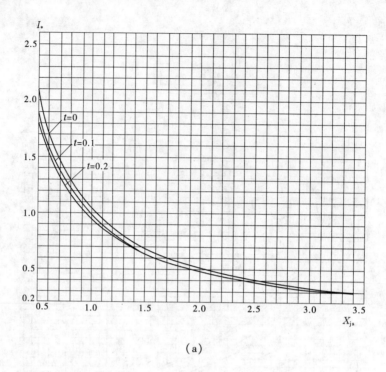

(a)

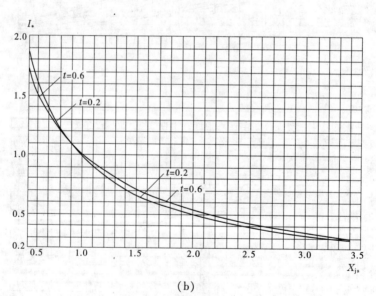

(b)

附图2 汽轮发电机运算曲线($X_{js} = 0.50 \sim 3.45$)

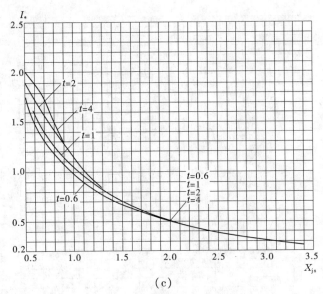

（c）

续附图 2

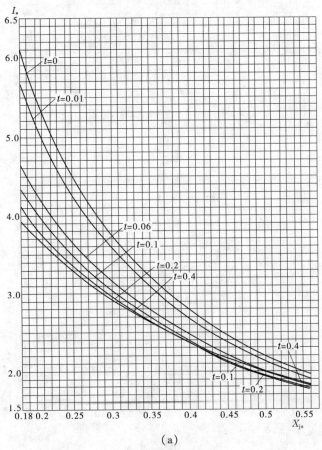

（a）

附图 3　水轮发电机运算曲线（$X_{js} = 0.18 \sim 0.56$）

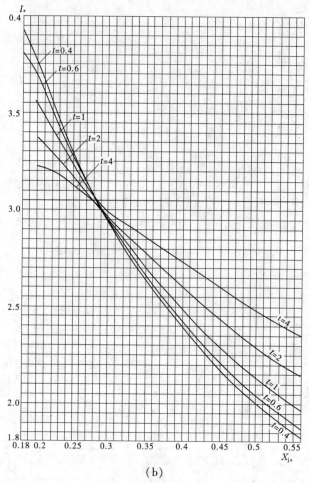

（b）

续附图 3

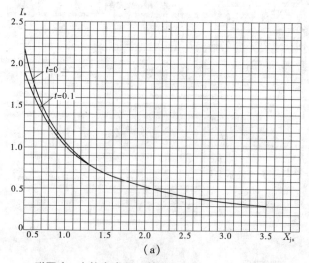

（a）

附图 4　水轮发电机运算曲线（$X_{js} = 0.50 \sim 3.5$）

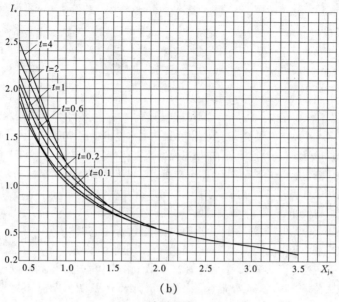

(b)

续附图 4

参考文献

[1] 吴靓. 发电厂及变电站电气设备[M]. 北京:中国水利水电出版社,2004.

[2] 于长顺. 发电厂电气设备[M]. 北京:中国电力出版社,2005.

[3] 刘福玉. 发电厂变电所电气设备[M]. 重庆:西南大学出版社,2010.

[4] 熊信银. 发电厂电气部分[M]. 3 版. 北京:中国电力出版社,2006.

[5] 熊信银. 发电厂电气部分[M]. 4 版. 北京:中国电力出版社,2009.

[6] 王成江. 发电厂变电站电气部分[M]. 北京:中国电力出版社,2013.

[7] 卢文鹏. 发电厂变电所电气设备[M]. 北京:中国电力出版社,2005.

[8] 曹绳敏. 电力系统课程设计毕业设计参考资料[M]. 北京:中国电力出版社,1998.

[9] 朱军. 国家电力公司农村电网工程典型设计 第二分册 35kV 及以上工程[M]. 北京:中国电力出版社,2000.

[10] 水利电力部西北电力设计院. 电力工程电气设计手册[M]. 北京:中国电力出版社,2002.

[11] 电力工业部西北电力设计院. 电力工程电气设备手册[M]. 北京:中国电力出版社,1998.

[12] 何仰赞. 电力系统分析[M]. 北京:华中理工大学出版社,1997.